林业文苑

第 17 辑

辩证思维与风沙运动理论体系的创建和应用

The creation and apply of eolian sand movement theory system in dialectical thinking

孙显科　著

U0313277

中国林业出版社

图书在版编目（CIP）数据

辩证思维与风沙运动理论体系的创建和应用/孙显科著．－北京：中国林业出版社，2010.4

（林业文苑·第 17 辑）

ISBN 978-7-5038-5780-5

Ⅰ．①辩…　Ⅱ．①孙…　Ⅲ．①风沙流－研究　Ⅳ．①P931.3

中国版本图书馆 CIP 数据核字（2010）第 022829 号

出版　中国林业出版社(100009　北京西城区刘海胡同 7 号)

E-mail　forestbook@163.com　**电话**　(010)83222880

网址　www.cfph.com.cn

发行　中国林业出版社

印刷　北京林业大学印刷厂

版次　2010 年 4 月第 1 版

印次　2010 年 4 月第 1 次

开本　880mm×1230mm　1/32

印张　5.75

字数　177 千字

印数　1～1500 册

定价　40.00 元

序

  值此举国欢腾、普天同庆新中国成立 60 周年之际,《辩证思维与风沙运动理论体系的创建和应用》一书即将与广大读者见面,这是一位治沙工作者多年潜心研究与工作实践的成果。

  防沙治沙是一项伟大的系统工程。多年来,党中央、国务院高度重视防沙治沙工作,并把加强科学研究和应用技术推广作为防沙治沙工作的重中之重。这部著述的出版,对广大三北地区有效开展防沙治沙工作将起到积极的促进作用和指导作用。

  防沙治沙工作需要强有力的理论做指导。掌握风沙运动机理与规律,从而制定切实可行的防治措施,是取得治沙成功的关键。孙显科同志根据自己早年积累的治沙经验,通过对国内外治沙理论的深入研究和探讨,并运用辩证思维和抓住主要矛盾的方法,经过反复提炼和梳理,完成了《辩证思维与风沙运动理论体系的创建和应用》一书,该书对沙粒流体起动机理、沙粒两种起动关系、新月形沙丘前移机理、沙障控蚀机理等问题进行了探讨和研究,并提出新的观点和见解,实属难能可贵。

  孙显科同志是新中国建立后培养的第一代大学生,

多年从事防沙治沙工作,在防沙治沙方面具有深厚的理论基础和丰富的实践经验。退休后,目睹盛世年华,壮心不已,默默耕耘20余载,兢兢业业,刻苦钻研,完成了这部关于风沙运动理论体系的专著。这部专著凝聚了作者辛勤的劳动汗水和执着的敬业精神。在新中国成立60周年之际出版这本书,是作者对祖国60华诞献上的一份厚礼,也表达了一位治沙工作者的赤诚之心。

　　以上这些,谨以为序。

辽宁省林业厅厅长　

2009 年 9 月 1 日

前　　言

　　《辩证思维与风沙运动理论体系的创建和应用》是一本深入浅出、雅俗通用的小册子。旨在运用辩证思维探索风沙运动的总体规律，研究风沙运动理论体系的创建和它的应用问题。全书共分四章，前两章着重理论探索，后两章着重理论的应用和治沙经验的总结。

　　创建风沙运动理论体系，掌握风沙运动的总体规律是关系治沙战略全局的重大研究课题。自从英国学者、近代风沙物理学奠基人 R·A·拜格诺 20 世纪 40 年代初提出这个课题以来，受到世界同行的关注。但这个问题在当时正如他所说，"大家对于可能构成理论体系的基础的一些基本因素还没有找到一致的见解，已发表的结果是远不能令人满意的"。为此他和后来者做了许多探索。这个课题迟迟未能破的，有科学技术原因，可能还有思维方面的原因。匆匆 60 多年过去，此间毛泽东的哲学思想在国内得到广泛普及；科学技术突飞猛进，国内外治沙科学著述之丰，涉及面之深之广，都远非昔比。这两个方面（而不是一方面）的进展为我们今天破解这一久悬未决的难题奠定了基础。

　　世间万物相生相克，对立统一是宇宙的根本规律。风沙运动也不例外。构成风沙运动的诸多因子始终处于既对立又统一、既矛盾又协调这样一种相互制衡状态。而表现于外的风沙地貌的各种形态则是这种内在关系的自组织、自磨合的必然结果。有感于这种辩证思维在揭示事物的发展时能客观地反映事物内部的对立统一关系，作者将辩证思维作为研究风沙运动所秉持的最基本理念，特将其冠于书名之首。纵观中华民族传统文化的发展历史乃至世界科学技术的进步都证明，辩证思维起了极其重要的推动作用。《孙子兵法》和中医学理论所蕴涵的高深造诣是辩证思维在军事科学和医学上的应用典范。与日月同辉的只有智者的思绪。两书朴素的辩证思路穿越时空代代相传，影响所及已超出他们的专业范畴，至今仍为国人乃至世人所沿用。他们的思维方式是培植撰写本书的沃土。马克思说："任何真正的哲学都是自己时代精神的精华"

(《马克思全集》第 1 卷第 121 页)。毛泽东的《实践论》、《矛盾论》等哲学著作，是我们这个时代精神的精华。我们之所以把毛泽东哲学思想列为破解本项课题的条件之一，是深感自觉地接受毛泽东的"实践第一"的观点，相信实践是检验真理的标准，可以帮助我们破除迷信、敢于坚持真理，进而有所突破、有所创新。自觉地运用"一分为二"的观点看待风沙运动、"全力抓主要矛盾"，可以帮助我们少走弯路尽可能多地摆脱谜团，比较容易地捕捉到问题的实质。了解事物的"特殊性"和"普遍性"，把握二者的关系和界限，可以帮助我们见微知著，也可避免以偏概全。基于此，运用现代哲学和辩证思维成了撰写本书一以贯之的指导思想，它潜入字里行间，构成本书的一个特点。

我国是世界上遭受风沙危害最为严重的国家之一，也是一个积极开展科学研究，并且取得显著成效的国家。早在新中国建立初期建设从辽西到内蒙古大型防护林带时，为防止穿过科尔沁沙地的林带因风沙危害造成断条，我国于 1952 年在辽宁省章古台设立固沙造林试验站，从此拉开治沙科研序幕。我国于 1958 年开始筹建中国科学院治沙队，1959年 3 月 5 日中国科学院治沙队正式成立，同时在西北六省（自治区）设立 6 个治沙综合试验站，以条块结合方式由中央到地方形成网络。一时间从全国科研院所、大专院校抽调各种专业人员开展大协作，建立了由860 余人组成的科技队伍。大规模全国性治沙从此开始。作者为能成为这支治沙队伍的一员而感到荣幸。这支浩大的治沙科技队伍与生产实践相结合，展开了沙漠考察和定位、半定位研究，以及野外风沙运动和防沙工程的风洞模拟实验研究。地处半湿润区的辽宁省章古台固沙造林试验站（现辽宁省固沙造林研究所）在建站初期与中国科学院林业土壤研究所（现中国科学院应用生态研究所）合作，率先使灌木固沙和沙地植松（樟子松）获得成功，制止了流沙侵袭。穿越腾格里沙漠的包兰铁路建立起固阻结合的防沙体系，火车畅通无阻。这两处治沙的成功极大地鼓舞了沙区人民，为全国开展治沙树立了信心。接下来我国相继完成了兰新铁路百里风沙防护区和塔里木沙区油田开发等大型治沙工程项目。建成了穿越南疆塔克拉玛干沙漠，在世界上风沙流动性最强、流沙通车里程最长的塔里木沙漠公路。沙区各省也都建立起适合本地区特点的治沙示范区。由西北到华北到东北蜿蜒 6000 余 km、规划造林总面积

406.9 万 km²、被誉为防风固沙绿色长城的我国"三北"防护林体系，到20 世纪末已初具规模。凡此种种说明，我国治沙事业以前所未有的繁荣景象屹立于世界治沙先进之林。这是我国社会主义制度优越性的一种体现；是我国改革开放、倡导科教兴国、主张自主创新的结果；也是我们党以科学发展观统领全局，构建社会主义和谐社会，举国安定团结，社会主义经济建设蓬勃发展的必然回应。

但是气候的干旱化、人为的不合理活动，使得我国沙漠虽然经过治理，90 年代初那种每年以 2460km² 速度扩展，相当于一年损失一个中等县土地面积的沙漠化趋势，已经得到遏制，"沙化面积出现了净减少；然而目前仍有沙化土地 173.97 万 km²，占国土面积的 18.1%"（引自国家林业局长贾治邦 2007 年 6 月 17 日讲话）。有时此治彼起，形势依然严峻。沙害为我国科技人员驰骋沙海效命祖国提供了广阔舞台。

中华民族正处于伟大的崛起时代。党的十七大号召我们建设创新型国家，创新是时代赋予我们的光荣使命。作者视创新为生命。本书在继承前人成就的同时追求创新、追求理论的系统化。小从沙粒的流体起动机理、沙粒两种起动不同性质以及沙粒两种起动关系，大至沙地的蚀积原理、风沙流对沙地的蚀积作用、沙粒单体和群体移动类型划分、沙纹的本质属性和新月形沙丘前移机理、沙地地形顺风向高长比以及敦煌鸣沙山的成因等都提出了自己的不同见解。全书为流体起动作用正名，提出风力集中论点。把沙粒的流体起动和跃移质冲击起动这两种起动效能之比由 1:19 改写成 1:3。在风沙运动的总体上，推出风、沙源、下垫面、风沙流和沙地地表形态五维一体的联动理念；运用对立统一规律，紧紧围绕沙粒起动和输移这个中心，建立起一套由强、弱、扬、抑、走、停、盈、亏、蚀、积构成的、具有中华民族文化特色的十纲辩证风沙运动理论体系。在治沙工程实践方面，根据八纲辩证将国内外治沙措施归纳为治沙六法，以固、积、堵抑制流沙侵袭，促使其停滞；以输、削、导促进流沙的运移，克服其停滞。在探索机械固沙原理方面，以控制风和风沙流的蚀积机制为核心，创建了沙障控蚀理论。指出了选择沙障合理间距所应遵循的原则。对国内流行的沙障间距采用宽严并济的方法从理论上给予了科学的解释。根据黏土沙障的流场特征和不透风结构容易在障间产生风力集中的特点，改进了沙障的传统设计原则，在民勤治沙站与同事们一起使黏土沙障的研制最后获得成功，成为我国首创等。以上这些论点综合起来形成了一个理论体系和思维体系。为了把问题引向深入，作者主张对事不对人开展学术争鸣。作者主张治沙工程人员，尤其高级指挥者和设计者都要通晓流沙运动的来龙去脉，要善知合变，要有驾驭风沙运动发展变化的能力。我们不能超越风沙运动规律突发奇想、追求无法达到的目标；但我们完全可以在某一特定地段或区域，在风沙运动规律允许的范围内，在理论指导下创造条件，教沙粒可停可走；教沙丘可高可低；作为一个战役，最后战而胜之，乃至为我所用。这就是作者欣逢盛世不惜残年，倾毕生之力，花20多年时间，刻意撰写这本小册子奉献给读者的目的，希望能对读者有所裨益；同时也是抛砖引玉，希望得到更多的指正，群策群力，使其臻于完善。

治沙是群众的事业。治沙科学只有植根于群众之中，为群众所检验、所接纳，才能转化为巨大的生产力。从科学发展观"以人为本"的群众观点出发，本书采用通俗写法，结合治沙实践和失败教训，夹叙夹议；时而打些比喻，以相譬晓；时而设问，把问题引向深入一步。相信这些能增加可读性，有利于治沙科学技术的推广和提高。本书还提供一些科研史料，谈了一些论点的发展过程，还历史以原貌，这对维护知识产权也是有益的。为了慎重起见，作者在著述过程中把一些主要技术论点写成学术论文，有的发表在中国自然科学核心期刊《中国沙漠》上，有的发表在由中国科学技术协会和中国工程院编辑出版的书籍上。还有的发表在其他书刊上。目的是倾听读者反应。此次成书订正了个别纰漏，在行文体例和结构安排上均有较大的改动。

拙作草成，正值新中国成立60周年，谨以此书向伟大祖国60华诞献礼。同时祝贺我国治沙50多年来走过的光辉历程。

本书在撰写过程中承蒙辽宁省林业厅曹元厅长厚爱、给予许多指导。他非常重视这项科研工作，特责成辽宁省防沙治沙中心主任张仁教授督导、责成辽宁省固沙造林研究所王殿金所长组织科研人员给予审核，在资金紧缺压缩各项开支条件下惠批出版经费，并在百忙之中为本书撰写序言，作者深受鼓舞。承蒙辽宁省老科技工作者联合会副主任、辽宁省林业厅原厅长郑华同志热情鼓励，给予多方面支持。新老领导的激励和大力支持本书得以面世，作者深表感激。本书在写作或为写作发表论文过程中承蒙我国治沙先驱、《治沙造林学》主编、中国林业科学研究院高尚武研究员，中国科学院寒区旱区环境与工程研究所博士生导师、原《中国沙漠》副主编、沙漠第四纪学家董光荣研究员，辽宁省林业厅张仁教授、陈保璞教授、周葆果教授、张放教授、孙永平教授、陈维民教授，以及甘肃省治沙研究所新老所长王继和研究员和郭志中研究员等，他们在百忙之中抽出宝贵时间给予审核、指导，提出中肯的改进意见，有的还提供宝贵资料。特别是承蒙辽宁省固沙造林研究所组织有关科技人员，尤其离退休老专家不顾身老体衰、牺牲休息，对拙稿给予审核、给以鼓励。认为该书稿"在风沙运动规律方面作了较深入研究"。同国内有的权威研究相比，"研究角度不同，结论也有所不同"。认为"该书稿具有较高的理论价值、同时也有一定的应用价值，比较适用于教学和防沙治沙科技人员"。本书还承蒙辽宁省林业厅老干部处盛玉兰处长给予大力支持。承蒙张岩高级工程师以丰富的经验为本书出版出谋划策、为排版、制图乃至核对纰漏付出许多辛苦。承蒙白雪松高工为本书翻译书名。作者不忘这些帮助和鼓励，值此付梓之际，一并致以由衷的谢意。

最后要说的是：作者已长期远离沙漠，有关书籍也很少直接见到，有些问题没有触及到，加上水平所限，错误和疏漏在所难免。再次恳请读者多多批评指正，不吝赐教。

孙显科

2009 年 9 月于沈阳

目　录

第一章

风沙运动理论体系的创建

引　言　本章结合作者治沙实践，从国内外大量零散的有关风沙运动的科研成果中，甄选出构成风沙运动体系的五个主导因子：风、沙源、下垫面、风沙流和沙地地表形态。以这五个主导因子为基础，当研究它们在风沙运动中各自的主要表现特征时发现，它们都能一分为二，每个因子都有两个对立的侧面。即风速有强弱、沙粒有走停、下垫面有扬抑作用、气流含沙量有盈亏和沙地地表形态有蚀积变化。由于对立的侧面在一定条件下可以相互转化，于是10个对立侧面的相互联结和相互作用构成了风沙运动发展变化的总体。系统地研究五个主导因子的联动效应，发掘10个侧面的组合关系、揭示它们相互促进相互制约的演变机理，进而依其内在联系进行梳理排序，将其串联成一体，并绘出它们的辩证图式。这样风沙运动理论由单项的分散状态变成了整体而有序的、名之曰"强、弱、扬、抑、走、停、盈、亏、蚀、积十纲辩证"的风沙运动理论体系。其中"强、弱、走、停、盈、亏、蚀、积八纲辩证"是本理论体系的核心。

本项成果破解了拜格诺1941年提出的长期悬而未决的风沙运动理论体系的创建问题。

第一节　风沙运动理论体系问题的提出和前人研究概况

一、问题的提出

创建风沙运动理论体系，掌握风沙运动的总体规律，是一项久悬未决、具有战略意义的重大研究课题。早在20世纪40年代初英国学者拜格诺(R. A. Bagnold)在《风沙和荒漠沙丘物理学》的导论中就曾指出，研究固体颗粒在任一流体中输移问题的困难"在于科学体系中还没有一个部门是为了对付本问题的整体，或为了协调各方面学者所作出的巨量零碎工作而努力的，过去如此，现在仍然如此"。他感叹"由于……大家对于可能构成理论体系的基础的一些基本因素还没有找到一致的见解，已发表的结果是远不能令人满意的"。

为了对付风沙运动的整体，拜格诺一方面主张在科学体系中设立专门机构以协调各方面的研究工作；另一方面他提出创建一个完整的理论体系，而这个理论体系的基础应由各相关学科一致认同的构成风沙运动体系的一些基本要素所组成，以便相关学科无论从哪个专业角度研究风沙运动都能有所遵循。拜氏这些见解高屋建瓴，眼界开阔，对开展治沙研究具有全局性的战略意义，也为我们创建风沙运动理论体系打开了思路。到目前为止，他提出的机构问题在国际、国内都已得到落实，这里无需赘述。而创建风沙运动理论体系问题虽然有所进展，但远未得到解决。

二、前人研究概况

拜格诺在他的经典著作中，把风、跃移质、地表颗粒粒配、局部地形起伏和风沙运动状态作为影响沙纹形成和发展的五个基本要素。他在分析各要素的作用之后指出："困难在于整个现象不是由于一个主要的因素所造成的，而是由于一系列因素通过不同的组合……和相互作用而形成的结果。"可见要想建立风沙运动理论体系，找出基本要素是必要的，但远远不够，还必须找出各要素的"不同组合"和它们之间的互相作用。

到20世纪50年代，苏联学者兹那门斯基(А. И. Знаменский)在探索新月形沙垅(沙丘链)的形成机制时指出："在探索风沙流的发生和发展问题，以及它同现有沙地地形形态的发展和新形态的形成的联系时，必须考虑到风、风沙流和现有地形系统的相互作用的某些特征。"由此看来，兹那门斯基同拜格诺一样，都把沙地地形的形成看成是多因素相互作用的结果，他们都强调风沙运动的整体性和各要素之间的联动性。只是拜格诺以小尺度地形——沙纹为例，而兹那门斯基着眼于沙丘链和沙垄这类大尺度地形。与拜氏观点相比，在构成风沙运动体系的基本要素中，兹那门斯基没有提到跃移质和风沙运动状态，却增加了"风沙流"和"沙地地形系统"这两个新概念。

领会前人的研究思路有时比接受他们的研究结论远为重要。沿着他们思路对构成风沙运动的基本要素进行甄别、遴选和补充，查清各要素之间的"相互作用特征"，理顺诸要素的组合关系，研究它们的联动效应，将是创建风沙运动理论体系的必由之路。

进入 20 世纪 70 年代，特别是八九十年代以来，航天技术、遥感技术、计算机技术和激光技术的迅猛发展，为观测大气环境下沙粒起动和跃移过程、观测沙丘的形成和移动，为建立风沙运动数学模型，从微观到宏观量化风沙物理研究提供了可靠的先进技术手段。而在这一时期恰逢世界人口激增，人类开发活动频繁，气候条件趋向干旱化，地下水位普遍下降，风沙危害日趋严重。在这种大的形势下，风沙运动研究十分紧迫，联合国教科文组织多次召开治理荒漠化会议，于是有许多新的著述问世。如：А·П·伊万诺夫《沙地风蚀的物理原理》（1972），由麦基（E. D. Mckee）主编、布里德（C. S. Breed）等参著的《世界沙海研究》（1979），费多罗维奇（Б. А. Федорович）《荒漠地貌形成的规律和动力学》（1983），巴茨（F. E. Baz）等《荒漠化物理学》（1986）和库克（R. Cooke）、沃伦（A. Warren）、高迪（A. Goudie）《荒漠地貌学》（1993）等。我国治沙科研虽然起步较晚，但经过急起直追已建立起比较完整的沙漠和沙漠化科学研究体系，在风沙物理与沙漠环境、沙漠形成演变与全球气候变化、沙区资源与可持续发展、沙漠化遥感与信息系统综合研究等方面都取得了重大进展，积累了丰富的研究资料和数据。还积极开展国际学术交流，为联合国举办治沙讲习班等。我国出版了一批有分量的治沙科研专著。诸如朱震达、吴正、刘恕、邸醒民《中国沙漠概论》（1980），高尚武、江福利、朱震达、赵兴梁《治沙造林学》（1984），吴正《风沙地貌学》（1987），曹新孙、朱廷曜、姜凤歧等《防护林学》（1983），朱震达、刘恕、邸醒民《中国的沙漠化及其治理》（1989），朱俊凤、朱震达等《中国沙漠化防治》（1999），朱朝云、丁国栋、杨明远《风沙物理学》（1992），刘贤万《实验风沙物理与风沙工程学》（1995），朱震达、赵兴梁、凌裕泉、王涛等《治沙工程学》（1998），马世威、马玉明、姚洪林等《沙漠学》(1998)，吴正等《风沙地貌与治沙工程学》(2003)，王涛《中国沙漠与沙漠化》(2003)，慈龙骏、张克斌等《防沙治沙实用技术》(2002)，陈广庭《沙害防治技术》(2004)，慈龙骏《中国的荒漠化及其治理》(2005)，和朱廷曜、张霭琛《防护林体系生态效益及边界层物理特征研究》论文集(1992)，董光荣等《中国沙漠形成演化气候变化与沙漠化研究》论文集(2002)，以及沙区植物、气候、土壤、农业、铁路、公路等专著都是我国治沙科研的代表作。《甘肃沙漠与治理》、《甘肃治沙理论与实践》、《内蒙古治沙造林》、《新疆沙漠和改造利用》、《新疆防护林体系的建设》、《陕北治沙》、宁夏《治沙造林经验选编》、辽宁《章古台固沙造林》、《章古台固沙林生态系统的结构与功能》等是适宜本地区特点的治沙专著。这些著述从不同的专业、不同的层面发展了治沙科学、丰富了治沙理论与实践，大大缩小了与世界理论研究的差距，而且在治沙工程实践方面诚如本书前言所说，我国已经走在世界的前列。

以上这些国内外著述和积累的治沙经验为作者深化对风沙运动的认识、为本书确定主攻方向、甄选构成风沙运动体系的主导因子、加深对各主导因子性能的理解、增进对它们在风沙运动中各自发挥怎样作用的认同，提供了依据；进而按照它们之间的有机联系进行组合排序，为最终构建起风沙运动理论体系，奠定了基础。

第二节　构成风沙运动体系的基本要素与沙地蚀积原理

在干旱的内陆沙漠地区，以地表蚀积为变化特征的风沙地貌的形成和发展是风、地面结构、水文地质条件、气候条件、植被状况、沙源状况等许多自然因素以及人为活动因素相互作用的综合结果。但也不能把上述各个因子等量齐观，要分清哪些是主导因子，哪些是影响主导因子活动的外界条件。在所研究的自然因素中，人们观测到：对于沙粒粒径主要为 0.1~0.25mm 的沙质地表，当离地面 2m 高处风速达到 4~5m/s 时，便有沙粒被风扬起，随气流前进，形成风沙流。没有足够强度的风作为动力，沙粒不会起动，但仅有风而没有沙粒的参与也不会形成风沙流。风是风沙运动的原动力；沙地作为沙源，它是风沙流形成的固相物质基础。所以"风"和"沙源"是构成风沙运动的最为基本的两个因素。风沙流是气流输移沙粒的表现形式。

人们常用吹蚀、搬运、堆积来描述风成沙地地形的演变过程。什么是吹蚀、搬运和堆积呢？观测表明：自从沙粒离开地表形成风沙流起，对于沙粒的原驻点来说，由于沙粒输出地表产生吹蚀，所以地表吹蚀同沙粒起动、同风沙流是同步产生的。反之，沙粒停止运动，其停落点便有沙粒输入，地表出现堆积。沙粒由停到走、走后又停的过程便是搬运，便是输移。吹蚀是搬运的开始，堆积是搬运的停滞。搬运对地表来说就是蚀积转化。由此可见沙地地表形态的演进是风沙运动不可分割的组成部分。沙地地形体系的形成既是风沙运动的最终结果，反过来它又给风沙运动以影响。所以沙地地形也是构成风沙运动体系的主导因子之一。

就沙地的蚀积原理而论，在风沙运动中，风沙流中的沙粒主要以蠕移、跃移和悬移三种形式各自独立地时起时落，时走时停，运动距离也长短不一。所以反映在地表的某一点（或某一地段）上，往往有无数沙粒起起落落，停走交织。这种情况表明，沙地地表形态的蚀积变化多数不是简单地只由沙粒输出或者只由沙粒输入所构成，而是在有沙粒输出的同时又有沙粒输入。地表沙粒在数量上如果入大于出、停多于走，便构成地表堆积；如果出大于入、走多于停，便构成地表吹蚀。在干旱地区，沙地地表的吹蚀和堆积既是沙粒的动态表现，又是动态沙粒转化为静态的结果。蚀中有积、积中有蚀；无蚀便无积，蚀积可以相互转化；这就是沙地吹蚀与堆积的辩证关系。吹蚀与堆积既然都是搬运的结果，而搬运的形式表现为风沙流，所以我们说风沙流是沙地蚀积由此达彼的桥梁[①]。

此外，风沙运动是在近地面气流层内进行的，因此由不同地表物质组成的各种类型的下垫面必然对风沙运动产生不同的影响。因此下垫面也是参与风沙运动的一个重要因素。

---

①　孙显科：《蚀积辩证　七法治沙》，离站时交给民勤治沙综合试验站的科研报告，1973。

到底应选择哪些因子作为构成风沙运动体系的基本要素不是一下子就能捕捉到的，作者曾有过较长的探索过程。在 20 世纪 50 年代末到 60 年代初刚投入治沙工作时认为："在沙地发育的现阶段中，风、沙、下垫面这三个主要因子的相互制约、相互影响构成了沙地发育的基本过程，改变其中一个因子，其他两个因子必然要随之改变。这是我们对沙地近代发育过程的基本观点，也是我们在治沙和防沙保产工作中寻找各项技术措施的基本理论依据"①。那时认为构成风沙运动体系的主导因子只有风、沙源和下垫面。以为有了风、有了沙源，自然就有风沙流，视风沙流为二者的附属物，不把风沙流作为一个独立的基本要素来看待。虽则那时也知道风沙流的组成成分和其结构上的某些特性。但只知它是气流搬运沙粒的表现，而对它的蚀积功能了解不深。只知跃移质冲击对地表风蚀起了质的变化，而不知跃移颗粒具有双重性，由于它是耗能大户，所以它能够削弱乃至阻滞流体起动。后来有了这些认识之后，笔者才界定"风沙流是沙地蚀积调节的杠杆"，并根据"物极必反"的哲学原理进一步确定"风沙流蚀积调节的极是气流含沙饱和度"（孙显科，1986）。气流含沙饱和度的盈亏是左右风沙流蚀积的分界线。风沙流是一种特殊的物质流，它的蚀积功能和蚀积调节作用对风沙地貌的形成和演变所起的无可取代的独特作用，应当在风沙运动体系中予以充分的肯定和应有的表述。

总括上述，我们确认风、沙源、下垫面、风沙流和沙地地表形态是构成风沙运动体系的五个基本要素，也是本书构筑风沙运动理论体系过程中赖以演绎的基础。

第三节　风沙运动中五大基本要素的主要表现特征及其相互关系

风沙运动说到底是固体颗粒在气态流体中的起动和输移。因此在审视各要素的作用时，即要看到每个基本要素都有许多特点和表现，但最

---

① 孙显科：《沙区农田设置芨芨草风墙防止风沙危害的初步分析》，民勤治沙站对外交换资料（油印本），1962。

关键的是考查它们在风沙运动中各自对沙粒起动和输移所起的作用。抓住这一要点来界定要素的主要表现特征、考核要素的相互联结，就能突出风沙运动中矛盾的主体，进而为要素的组合排序创造条件。如果不这样做，就会堕入浩繁的烟海，变得条理不清，无所措手足。

一、风

在风沙运动体系中，风的作用有二，一是起动沙粒，二是输移沙粒。

就起动而论，风可直接起动沙粒，人称流体起动；也可间接起动沙粒，即风将动量传递给运行中的跃移质，然后再由跃移质冲击地表起动沙粒，人称跃移质冲击起动。据拜格诺计算，在气流输移沙粒时，"一颗高速运动的跃移颗粒，从风那里获取的动量能以冲击方式推动6倍于它的直径或200多倍于它重量的地表颗粒物质"。正因为有了跃移质冲击起动，沙粒才由单一的流体起动变为复合型起动，从而使地表侵蚀起了质的变化。

就输移而言，输沙率（或称气流输沙量）是衡量风沙运动的一个重要的物理量。是指气流在单位时间内通过单位宽度（或单位面积）所搬运的沙量。输沙率的单位是 $g/(cm \cdot min)$，或 $g/(cm^2 \cdot min)$，也有用 $t/(m \cdot h)$ 表示的。它在治沙工程设计中是一个极为重要的工程参数。早从 20 世纪 30 年代起就有奥布赖恩和林德劳布（M. P. O'Brien & B. D. Rindlaub，1936）、拜格诺（R. A. Bagnold，1941）、河村龙马（1953）、扎基罗夫（Р. С. Закиров，1969）、莱托（K. Lettau，1978）等人进行过研究。研究结果表明，输沙率和摩阻速度 v_* 的三次方成正比，或者和风速超过沙粒起动速度部分的三次方成正比。考虑到" $v_* > 40cm/s$ 时，各方公式计算出来的输沙率差异不大，但同野外观测值又都有不小差距"（吴正，2003；陈广庭，2004），本书根据拜格诺1959年研究，采用气流输沙量 Q 和1m 高处风速 V 的关系式：

$$Q = 1.5 \times 10^{-9}(V - V_t)^3 \qquad (1-1)$$

式中 V_t 为起沙风速。关系式表明，气流输沙量的大小与实际风速和沙粒正常起动风速之差的三次方成正比。这就是说，超过沙粒起动风速后，流速再稍有增大输沙量则显著增大；另一方面，沙粒的起动风速稍有提高，则输沙量急剧减少。

这里还应当着重指出，在流体运动中，片流和紊流（亦称湍流）是完全不同的两种流动性质。紊流打破片流的原有层次以大分子团形式无规则地进行动量交换和热量交换。雷诺（1883 年）通过试验，用 Re 的大小来判别流体的运动类型，推出公式如下：

$$Re = \rho v L / \eta \qquad (1-2)$$

式中：ρ 为流体密度；v 为平均流速；L 为流管管壁半径；η 为流体的黏滞系数；Re 为无量纲的雷诺数。当雷诺数大于 2000 时，流动成为湍流。我国学者认为，雷诺数的物理意义是"流体在运动过程中，流体所受到的惯性力与黏滞力之比"（吴正，1987；马世威、马玉明等，1998）。

实践证明，式(1-2)不只适用于管中的流体，也适用于在流体中的所有运动物体。这时候 L 表示物体的大小，如物体的长度、飞机机翼的宽度。在风沙运动中由于空气的黏滞系数小，所以 Re 值趋大。对于空气来说，雷诺数大约超过 1400 时就会过渡成湍流。据布伦特（D. Brunt）计算，当 L 取地面与对流层上限之间的距离为 8~9km 时，在近地面层内，风速超过 1m/s，则气流运动必然是湍流。在风洞内当 L 为 30cm 时，风速大约在 7cm/s 以上就是紊流。因此低层大气中，风的运动始终具有湍流的特点（莱赫特曼，Д. Л. Лайхтмап，1973）。在我国由于起沙风速≥4m/s，所以构成风沙流的气流都是湍流。湍流有以下两个特点：一是气流的运动是由一系列分子团的运动所构成，这些分子团有的书称为涡旋，有的书称为旋涡。它的直径大小不一，小至毫米，大至数百米，运动的方向和速度不断变化，没有规则性。二是，湍流经常表现出脉动性。脉动是近地面层内风的主要表现特征之一，风速时大时小，因而表现出阵性和间歇性。但它还有另一种特征，即大气在作湍流运动时，尽管各点的流速和方向随时间脉动，但就总体而言，在一定条件下或确定的时间内，它们的运动有确定的主流。而变化着的瞬间风速始终循着主流的平均值上下摆动，如图 1-1。在野外，主流就是气流的水平纵向分速，它的平均值就是我们所说的风速。

湍流对沙粒的起动和输移以及沉积的发生都具有重要意义。鲍尔卡特（J. Bourcart，1928）、冯·卡曼（Von Karman，1953）、昆奈

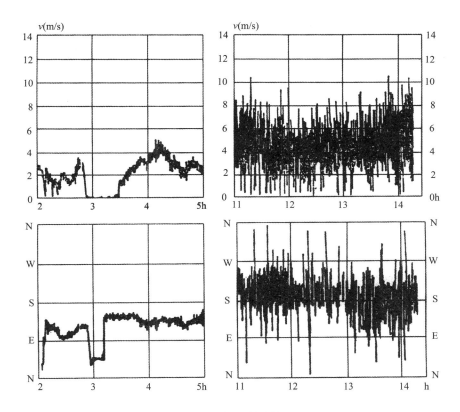

图 1-1　　风向风速脉动情况（根据翁笃鸣等，1981；引自吴正，2003）

（P. Queney，1953）、肯比·费莱特（Kampe de Feriet，1953）和杜贝夫
（J. Dubief，1953）都认为湍流是一种附加的因素。在计算搬运的沉积物
数量时，应和风速一起考虑进去。包慧娟、李振山（2004）对风沙流风
速纵向脉动的实验研究表明，"以脉动强度与当地风速之比表示的相对
脉动强度随高度增加而降低，并且不同风速条件下相对脉动强度在床面
附近相差较大，远离床面则趋向一致"。这表明脉动是气流与下垫面相
互作用的结果。李振山、倪晋仁（1998）认为湍流的隙向性局部速度突
然增大（猝发过程）对风沙传输会有一定影响。我们欣佩同行们的洞察
力，并认为微地形中湍流的隙向性是风力集中促进沙粒流体起动和分选
的重要因素。

因此当我们看待风速时，既考虑它是一个平均值和它的主流方向，也要考虑它以阵性形式表现出来的瞬间风速的最大值和方向的向异性，还要对湍流运动的乘间伺隙功能给予足够的重视。这些，本书将在以后相关章节进行详细讨论。

在风沙运动中，沙粒起动是根本，当我们看到沙粒的输移时首先想到的是沙粒的起动。起动是输移的先导，输移是起动的继续。不仅没有起动便没有输移，而且起动质量，例如沙粒的起动初速、起跳角度和起跳高度，都决定着沙粒的后续运动。可是恰恰在沙粒起动这个关键问题上，一方面我们对湍流运动的复杂性和不规则性知之甚少，另一方面由于沙粒径级很小，形体极不规整，排列状况也不规则，加之气流涡旋没有常态，转瞬即逝，又没有颜色，所以查明作用在沙粒上的压力分布极其困难。因此沙粒起动众说纷纭。有 R. A. 拜格诺（1941）等的冲击起动说；有切皮尔（W. S. Chepil，1945）、兹那门斯基（1958）等压差起动说；有伊万诺夫（A. П. Иванов，1972）等负压起动说；有比萨尔（F. Bisal）和尼尔森（K. F. Nielsen，1962）的振动起动说；有 G. R. Hiest 与尼古拉（P. W. Nichola，1959）的斜面飞升说；有切皮尔（1945）的升力起动说；有埃克斯纳（F. Exner）等的湍流起动说；有福克斯（H. A. Фукс，1955）等的涡旋起动说；还有钱宁于 20 世纪 70 年代提出的紊流猝发起动说等，计有八九种之多，而且每种起动学说都有它的拥护者。其中涡旋起动、湍流起动和紊流猝发起动，在笔者看来它们都是气流涡动的表现，只是名称不同而已。我国学者朱震达、凌裕泉、吴正、贺大良、高有广、刘大有、刘贤万等都曾对这个问题有过探索或评述。朱震达（1984）认为"气流运动冲击力的作用，使沙子脱离地表进入气流被搬运"。凌裕泉、吴正重视气流通过沙粒时产生的压力差。贺大良、刘大有（1989）把上述几种学说构成的沙粒起动力归纳为接触力和非接触力两大类。他们认为非接触力的起动学说有：升力起动说、压差起动说、湍流起动说、负压起动说和涡旋起动说；接触力的起动学说有：冲击起动说、斜面飞升说、振动起动说。他们通过沙粒高速旋转分析，排除了非接触力对沙粒的起动作用，最后认定："（促成）沙粒起跳最大可能的原因是斜面飞升力。"刘贤万（1995）认为，这些假说，"都程度不同地代表着一定的真理，但分清主次是第一重要的"。

著者对沙粒流体起动力的看法是：

（1）各种作用力在不同条件下可以随机转化。中国有句古话叫作："兵无常势，水无常态。"气流和风沙流兼有这两种性能，既无常势，也无常态。以上所谈到的各种作用力，它的大小和方向可以随时相互转化。气流除了受制于天气过程中大气压差的总体支配外，地表的不同组成物质、微地形态、位温差、湿度差等都能影响气流的动量传递和运行方向。当气流旋涡前后、左右、上下之间的相互联结一旦有一处被外界条件打破，原有的均势即刻失调，相关旋涡要改变原有形态和运动方向，寻找新的平衡。所以我们认为上述各学说所提出的各种作用力在接触到沙粒时不是固定不变，而是随机转化。在转化过程中，沙粒只有获得向上的力，才能与地表分离。以气流的冲击力而论，当气流以 10°~16°或更大的角度向地面俯冲时，受到地表的反作用力后，必然在前进中要向上抬升，这一俯（冲）一升便形成了沙纹。反过来，有了沙纹又出现了斜面飞升力。又如微地形起伏容易使气流运动产生局部压差，有压差就容易出现紊流猝发。这些都是无常形无常态的例子。

（2）求同存异取其共性。本书求同存异取其共性，即不论哪一种作用力，它们都与风速的强弱成正相关性。这也就是说，无论从沙粒起动、沙粒输移，还是从跃移质冲击考虑，在风向一定条件下，风速的大小始终起着决定性的作用。因此我们认定，风速的强弱是风影响风沙运动体系的主要表现特征。

二、沙　源

沙源是风沙地貌赖以形成的物质基础。沙漠之所以在一定的气候条件下能够形成，是因为有大量水成的原始沉积沙作基础。根据中国科学院兰州沙漠研究所考察，我国沙漠除一部分分布在一些内陆高原和平原以外，绝大部分分布在内陆的巨大盆地中。如我国第一、世界第二大的塔克拉玛干沙漠分布在塔里木盆地中央；我国第二大的古尔班通古特沙漠分布在准噶尔盆地中。这些盆地的原始地面大部分为河流冲积或湖积平原（朱震达、吴正等，1980）。物探资料表明，塔里木河下游冲积平原第四纪沉积厚度为 400~500m（根据中科院新疆综合考察队，1965；引自吴正等，2003）。古尔班通古特沙漠南缘沙质沉积物厚度一般可达

200～400m（朱震达，1984）。沙区有如此深厚的原始沉积沙层是后来沙漠形成的物质基础。原始沉积沙层先入为主已无法改变，周围地形地物的阻隔，加上沙子本身在运动过程中具有群聚性，或形成沙丘，或形成沙垄，或形成沙山，这些都限制了沙粒的移速。因此据以生成的沙漠只能就地发展。所以作者认为，少量沙粒可以外移，尤其在砾质地表上，能长距离外移；但就整体而言，沙漠不会迁徙，而只能就地扩展或向某一方向偏移而已。

从风沙运动的角度看，能供给沙粒起动的地表都是沙源。所以广义地说沙地就是沙源。由于沙源有丰欠之分，加之下垫面条件不同，所以拜格诺等在风洞实验中求得的气流输沙量与风速的关系式在野外的适用性受到限制。如甘肃省民勤地区，在 2m 高处风速为 12.5m/s 的野外，用仿苏式聚沙仪（接纳孔为宽 1cm × 高 10cm）在黏土光板地上测得的输沙量为 30.2g/h，而在平坦流沙地上却为 51.4g/h，后者为前者的 1.7 倍。可见在同等风速下，沙源丰富，参与运动的沙粒就多，气流输沙能力可以得到充分发挥；而沙源不充足时，气流输沙能力得不到充分发挥，输沙率要小。所以衡量沙源丰欠固然要依原始沉积沙层的厚度而定，但上项观测表明，由于不同性质的下垫面的参与，影响着沙源对沙粒的供给和气流输沙能力的发挥，所以在相同起沙风速下以地表是否有沙粒投入起动作为判断沙源的依据则更为现实。因此沙粒的走停便成为沙源供沙的主要表现特征。

三、风沙流

本书之所以把风沙流列为构成风沙运动体系的五个主导因子之一，是因为风沙流是风沙运动的主体。如同把泥石流作为一种独特的物质流对它进行研究一样，风沙流也是一种独特的物质流。它是由风和沙组成的以气流为载体的气固二相流，它以自己如下所述的独特运动规律，对沙地的蚀积发挥重要作用。

首先风沙流是气流输沙的一种表现形式。风沙流集蠕移、跃移、悬移于一身，是沙粒进行群体运动的一种表现形式。沙粒在湍流的直接带动下，作为嵌在气流介质中的质点，在随主流向前运动的同时，也有相当程度的随机性，除了行进速度随时在变化外，方向有时也会变化（李后强、艾南山，1991）。

第二，风沙流是贴近地面的沙子搬动现象。风沙流中沙粒的垂直分布，代表着气流含沙量与高程的关系，国内外学者作了大量研究。根据吴正（2003）考证：在国外有田中一夫，1962；威廉斯（G. Williams），1964；怀特（B. R. White），1982；索莱森（M. Sorensen），1985；安德森和哈弗（R. S. Anderaon ＆ P. K. Haff），1985；沃纳（B. T. Werner），1990；以及1996 格里利（R. Greeley）等，他们通过风洞实验和野外观测，认为挟沙气流中输沙量（含沙量）沿高度呈指数规律递减。在国内吴正、凌裕泉等（1965），朱震达、吴正等（1980），马世威（1988），邹学勇、朱久江等（1998）通过研究也认为气流输沙量沿高度呈指数规律递减。但也有人持不同意见，如福来尔（1993）认为，在跃移层输沙量随高度的分布可用指数函数表示，而悬移层则可用幂数函数表示。本书认为，这些差别有待进一步研究；尽管在野外与其他地表条件的影响相比，如与地表不同性质、地表干湿度、沙粒粒配、地形条件、植被覆盖度等相比，这些差别处于次要地位。我们主要考虑跃移层的输沙量。

气流输沙高度随风速的大小而不同，也与沙源状况、下垫面性质紧密相关，因此众家对沙粒沿高程的分布的测值，在国内也不一致（这个问题在第四章里再进行讨论）。《治沙工程学》（2003）认为在沙质地表上，"风沙流运动主要发生在离地面1m高度层内，有90%集中分布在0～20cm高度层内，含沙量随高度呈指数函数递减。其中80%～90%的沙量又是在0～5cm高度层内通过"。这一测值虽然是诸多不同测值中的一例，但它有代表性，它表明沙子的搬运并不是随风漫天升高，风沙流是贴近地面的沙子搬运现象。沙粒空间分布的这一特点决定了气流输沙的局限性。这也是我们对"敌情"的最基本的估计。

第三，风沙流结构是控制沙地蚀积的枢纽。前苏联学者 А · И · 兹那门斯基（1958）在提出"风沙流"这一概念的同时，他还研究了贴地面10cm高度层内沙粒在空间的分布状况，称其为"风沙流结构"。兹那门斯基在分析近地面10cm高度层内各层含沙量百分比时曾指出："在同一风速下随着进入气流中的总沙量的增加，引起下层（第一层）沙量的增加和较高几层中沙量的减少。"而下层沙量的大量增加，"也就增加了近地面气流的能量消耗，削弱了气流搬运沙子的能力"。因而也就容易产生堆积。这些就是风沙流结构的变化与沙地蚀积的关系。第一位把风沙流结构引入到国内的是朱震达研究员，1959 年他在《治沙研究》第 4 期上介绍了他在苏联列别切克治沙站关于风沙流结构的实习论文。此后吴正、凌裕泉（1965）、齐之尧（1978）、马世威（1988）等人都进行了大量研究。总的结果是：当风速由小变大时，气流输沙量上层相对增幅（%）较大，而底层减小；反之，当风速由大变小时，气流中的沙粒向底层集聚，因而底层（0～1cm 层）输沙量百分比相对较大。而第二层（1～2cm 层）输沙量始终保持在 20% 左右（见表 1 - 1）。这一研究结果与兹那门斯基的论点相一致。

表1-1　　不同风速、不同输沙量时的风沙流结构

（根据马世威，1988；引自吴正，2003）

风　　速（2m 高处）/（m/s）		6.8	7.2	7.6	8.5	9.0	9.5
总输沙量（Q_{0-10}）/[g/（min·10cm²）]		0.9107	1.2326	1.5483	3.5056	4.3098	8.0050
各层搬运沙量（或%）	上层（2～10cm）Q	0.4004	0.5804	0.7728	1.9460	2.5000	4.7156
	%	44.0	47.1	49.9	55.5	58.0	58.9
	中层（1～2cm）Q	0.1704	0.2399	0.3505	0.7578	0.8949	1.5904
	%	18.7	19.5	22.6	21.6	20.8	19.9
	下层（0～1cm）Q	0.3399	0.4123	0.4250	0.8017	0.9150	1.6990
	%	37.3	33.4	27.5	22.9	21.2	21.2
特 征 值（λ）		1.18	1.41	1.82	2.43	2.73	2.78

沙粒随高度分布状况不同决定着风沙流的流态，所以人们把风沙流结构作为衡量风沙流运动状态的一个标志。我国学者吴正、凌裕泉（1965）在兹那门斯基（1958）研究的基础上根据第二层的输沙量始终占 0～10cm 层总输沙量的 20% 左右（参见表 1 - 1）这一特点，以该层为中介把整体结构辟成上下两半，以 2～10cm 各层的输沙量（Q_{2-10}）与第一层输沙量（Q_{0-1}）之比值作为风沙流结构特征值（λ），列出公式如下：

$$\lambda = Q_{2-10}/Q_{0-1} \qquad (1-3)$$

拜格诺曾论及风沙运动状态对沙纹形成的影响，他观察到气流含沙量过多时，影响其流态，沙纹比较平坦。这个公式以量化形式表达了风沙流态对地表蚀积转化的关系。按此公式，在沙质地表上，当上下两半部的沙量各占40%时，$\lambda = 1$，气流处于稳定搬运状态，对地表既不吹蚀，也不堆积。当$\lambda > 1$时，风沙流处于非饱和状态，还有增加搬运的潜力，可对沙地地表进行吹蚀。反之$\lambda < 1$，表明沙量向底层集聚，风沙流处于饱和或过饱和状态，此时将有大量沙粒脱离风沙流而发生堆积。由此可见，气流含沙饱和度是决定风沙运动状态和左右地表蚀积的枢纽。

安得森等（R. S. Anderson，1991）把近地面气流中沙粒分布和气流输沙看作是风沙流跃移系统。他们认为一定风力下对颗粒的输运能力之所以是有限的，是因为风沙流跃移系统会因风场和运动粒子的相互作用力而建立一种负反馈机制来控制系统输运颗粒的总量，这种负反馈机制就是所谓"风沙流平衡机制"，或"风沙流自动调节机制"。吴正（2003）认为这里所说的风沙流达到平衡，是指"在一定的风力下，如果沙源充分，风中携带的颗粒数量（即输沙率）将维持在某一特定值"。大量研究和我们的野外观察表明，当气流含沙量达到饱和时，意味着跃移颗粒在它所处的层次内对风能的消耗达到极值，此时风沙流就会自动卸包袱，甩掉部分沙粒或全部沙粒。然后再进行吹蚀，再寻求新的平衡。以上种种，使我们有理由坚持："沙地地表的蚀积循环是由风沙流的自身特性决定的。是风沙流含沙饱和度的盈亏反复交替变化决定了沙地地表的蚀积循环性。""风沙流含沙饱和度是沙地蚀积调节的杠杆"（孙显科，1986）等这些看法和提法。

拜格诺强调跃移质的冲击起动作用，把它列入构成风沙运动体系的五大基本要素之一。我们则强调跃移质的双重性。它对风能的消耗与其用于冲击起动的动量属于同一数量级。近代风沙物理学研究表明，跃移沙粒的旋转运动能消耗很大比例的气流动量，"跃移质在随气流前移时沙粒周围形成小的气流涡动并向气流中扩散"（包慧娟、李振山，2004），因而它对风有一种特殊的阻力。风洞实验表明，由运动沙粒组成的动床表面，对气流的作用不仅有磨擦阻力，还有涡动阻力和大量运动下移的跃移质阻力。因此在近地面层内，当风速一定时，进入气流中的跃移质过多不仅如兹那门斯基所势必影响风能对沙粒的输移，同时也影响风能对沙粒的起动。结果使沙粒两种起动由原来的优势互补转化为互相制约，进而影响风沙流结构，特征值（λ）趋小，导致地表由吹蚀转向堆积。根据这种风沙互馈机制，我们不把跃移质单列，而是把它纳入风沙流范畴，统一考虑它对地表吹蚀和堆积的影响。因此我们把气流含沙量的盈亏界定为风沙流影响风沙运动体系的主要表现特征。

四、下垫面

研究下垫面就是查明地表条件对风、对沙粒运动的直接影响。在风沙运动中，下垫面是影响风沙运动，促进或抑制地表蚀积转化的重要条件。从根本上说，湍流运动是在动力和热力这两个因素的共同作用下发生、发展起来的。所以人们把风沙活动看成是大气圈与土壤圈（岩石圈）之间动量传输和能量转化的产物。因而任何影响这一过程的因素都会影响到风沙流的形成和发展。众多研究表明，着生于大气圈和土壤圈之间的植物，是地理环境的重要组成部分，是维系陆相生态平衡的主体，它对大气圈和土壤圈之间因能量转换与传递而导致的风沙运动的影响主要表现为对风速的削弱、对粗糙度的提高和对风沙运动的拦劫三个方面。这三种影响是统一的完整过程。有了风速的削弱，才有粗糙度的提高。有了风速削弱和粗糙度的提高，正在传输中的风沙流中的沙粒才能大量迭落形成沉积，而尚未起动的地表沙粒可减免起动。而这些都是促成输沙率降低的因素。许多研究者认为，禾本科植物粗糙度相当于植物本身高度的 2/3。也有人认为在长有植被的完全粗糙的地表如草地，其粗糙度约为草高的 1/8 ~ 1/7。不同的植被覆盖度对输沙率有不同的影响。内蒙古林学院通过野外风洞观测，不同植被覆盖度对输沙率的影响见表 1 - 2。

表 1 - 2　植被覆盖度对输沙率的影响[*]

植被覆盖度	风速（77cm 高处）/（m/s）	输沙率（0 ~ 30cm 高度层）/ [g/（min · cm）]
无植被流沙地	6.9	5.84
覆盖度为 10% 的沙地	7.3	4.01
覆盖度为 25% 的沙地	7.3	0.51
覆盖度为 60% 的沙地	9.3	0.10

[*] 该表数据是内蒙古林学院野外风洞在毛乌素沙地实测值，沙地的植被多为沙蒿。（据朱朝云、丁国栋、杨明远，1992）

又据甘肃省民勤治沙站观测，在宽 3~5cm 的甘草、冰草植被带上，2m 高处风速为 9m/s 时，气流输沙率为 7.2g/（cm²/h），为无植被地段的 14.4%，同时风速削弱 13%，并有 89%~94% 的跃移沙粒被阻挡在植被带内（民勤治沙站，1979）。

以上数据表明，植被对制止风沙危害具有奇特的功能。

研究还表明，不同的地表性质对风沙流结构、对输沙量也有不同的影响。以沙质地表和砾质或沙砾质地表为例，两种不同下垫面的影响见表 1-3。

表 1-3 不同地表性质对风沙流结构和输沙率的影响

风沙流高程（cm）	流沙	沙砾地面
	各层相对沙量（%）	各层相对沙量（%）
10	1.4	5.4
9	1.4	6.6
8	1.7	7.2
7	2.2	7.7
6	3.1	10.0
5	5.0	10.6
4	6.7	11.4
3	9.5	12.5
2	23.7	14.1
1	45.2	14.5
输沙率[（g/（cm·min）]	3.43	6.22
1.5m 高处风速（m/s）	8.0	8.4

（根据朱震达等，牙通古斯，1980；孙显科整理，2009）

数据表明，在风速近似情况下，沙质下垫面上的风沙流结构（含沙量百分比）下层趋大，容易达到饱和，故输沙率相对较小，仅为 3.43g/（cm·min）。而在沙砾质地面上，风沙流层面可达 2~4m 以上（刘贤万，1995）。它的风沙流结构上层趋大，下层趋小，因而不易达到饱和。故在沙源充足条件下，输沙率远大于沙质下垫面，达到 6.22g/（cm·min）。兰新铁路新疆百里风沙区在大风天飞沙走石，石块可以打碎玻璃，有大量流沙压埋路轨。这些危害中石块是就地的，而流沙多是来自远方，是砾石地表的反弹作用使风沙流层面升高、沙粒得以长驱直进的结果。这表明在此种下垫面上如果上风区沙源能确保对沙粒的供给，则气流输沙率可以急遽增大。林带能削弱风速，可保护农田减免风沙危害。但中间出现断空的地方，往往形成风口，相对风速达120%以上，容易造成风蚀（曹新孙等，1983）。沙地和沙丘的沙层湿度，也能影响沙粒的起动值。一方面水分子直接束缚沙粒，使沙粒与沙粒之间增加了凝聚力；另一方面附着的水分子填塞了沙粒间隙，使气流无隙可乘不能形成风力集中。这两方面都能增大沙粒的起动值，特别是增大流体起动值。在民勤当2m高处的风速超过9m/s时，地面上飞沙走石。可是同样大的风速，在雨后空气清新没有沙尘飞扬，在沙丘迎风坡看不到沙粒起动。偶尔有阵性更大的风速出现时，即使沙粒呈扁平块状被风掀翻，也不曾见到有松散沙粒起动。直到沙纹顶部粗沙被风吹干，才有沙粒起动，而处于波谷的较细沙粒仍然不动。董治宝、刘小平等（2002）风洞实验表明，含水量大于4%时基本上没有风沙运动发生。

　　以上诸例说明，不同性质的下垫面有的削弱风速，有的固结地表颗粒，它们以此来抑制乃至切断风与沙的联结；但也有的与此相反可以加大风速、促进风对地表沙粒的起动和输移，使地表产生风蚀；有的则通过反弹改变风沙流结构，增加气流的输沙率。由此可见，扬抑是下垫面影响风沙运动体系的主要表现特征。

五、沙地地表形态

　　沙地地表是沙粒走与停的载体。从风沙地貌演变的总体上看，沙地地表形态的形成是风和风沙流对沙质地表进行吹蚀、搬运和堆积的结果。有什么样的风况就有与之对应的沙丘形态。前苏联学者Б·А·费多罗维奇根据风况对促成沙丘形成的四种动力类型的划分是正确的，他指出的四种基本的动力类型和它所塑造的沙丘形态是：①信风型，形成于单向或数个方向相近似的定向风地区，如沙垄、纵向新月形沙丘、抛物线沙丘。②季风－软风型，发生在季风更替和相反风向制动的地区，如新月形沙丘及沙丘链。③对流型，形成于风力较为均匀及有上升－下降气流的地区，如蜂窝状沙丘。④干扰型，发生在气流受山体干扰的地区，如金字塔形沙丘、星状沙丘。这些类型在我国也已得到证实。唯其如此，我们常以沙地地形作为评判风沙活动的反馈标志。然而沙地在接受风和风沙流对其形态进行塑造的同时，它也利用自身形态给近地面风和风沙流以影响，沙丘周围二次流的出现对风沙地貌的形成与演化所起的作用，已为人们所公认。如新月形沙丘，由于背风坡回旋涡流的出现，从风沙流中迭落下来的大量沙粒几乎全部被吸附到落沙坡，从而沙丘自身得以发展壮大。也正因为它的吸附作用，导致过境后的风沙流含沙量锐减，因而出现积后有蚀，蚀积循环的规律。

上述正反两方面事例都证明，地表形态的蚀积变化是沙地参与风沙运动的主要表现特征。

六、风沙运动的主流线

在此还要特别指出，以上五大要素在其运作中，明显地存在着一条主流线，那就是风速与气流输沙量的关系、沙源与气流输沙量的关系和风沙流含沙饱和度与气流输沙量的关系，始终占具重要地位，它们以动态形式贯穿于风沙地貌的整个发展过程，是最基本的运动规律。一切其他关系，例如风速变化与地表蚀积关系、沙源状况与地表蚀积关系和气流含沙饱和度与地表蚀积的关系等，无不是这三种关系演进的结果。主流线的发展变化进一步表明，风沙运动的实质是沙物质在气态流体中的起动和输移。而风沙运动的最终结果表现为沙地地形的蚀积转化和风沙地貌的形成。

第四节 风沙运动理论体系的推导

一、关于风沙运动理论体系的界定

毛泽东的《矛盾论》和《实践论》告诉我们，"事物发展的根本原因在于事物内部的矛盾性"。又说："理论认识在于达到了事物的全体、事物的本质、事物的内部联系。"按照这一哲学理论，我们对风沙运动规律的认识要想达到理论高度，就必须对风沙运动有个系统而全面的了解，掌握构成风沙运动体系的诸多因子，分清内因和外因，并将注意力始终放在起主导作用的那些基本要素的内在联系上。为此我们甄选出构成风沙运动体系的五大基本要素，又围绕着沙粒起动和输移这个核心探索了五要素的各自表现特征和这些特征的变化特点，也讨论了这些表现特征和变化与沙地蚀积的关系。剩下来的问题就是如何根据它们的内在联系，进一步理顺五个基本要素的组合排序、以及它们在组合中又合又变的互动关系问题。没有这些后续工作、没有总体上的串联，前面做的那些分析和得出的结论，只能算作零散的堆砌、不成体统，构不成理论体系。而这些也正是前人 R·A·拜格诺和 A·И·兹那门斯基所查觉、所提出而又没有来得及解决的问题。

经过反复研究我们认定，要素的相互作用特征，实际上也就是各要素间相互联结的手段。而要素之间变化着的不同组合，缘自于各要素的表现特征均能向"两极转化"。具体地说，五大基本要素各有一个主要表现特征参与风沙运动，而每个主要表现特征又都能一分为二，各有两个经常矛盾着的侧面。即风速有强弱、下垫面的作用有扬抑、沙源中的沙粒有走停、风沙流含沙量有盈亏、沙地地表形态有蚀积。于是五要素的内在联系变成了强、弱、扬、抑、走、停、盈、亏、蚀、积之间的相互关系。它们具有联动效应，其中有一个要素由矛盾着的某一侧面向其对立的另一侧面转化时，其他要素也随之变化，形成新的组合关系。因为风沙运动的总体来自五大要素十个矛盾着的侧面，按照中医学理论，称它们的合变关系为十纲辩证。强、弱、扬、抑、走、停、盈、亏、蚀、积十纲辩证反映了风沙运动的普遍规律。无论哪个学科在探寻风沙运动问题时，都超脱不开这个总体原则。由于十纲辩证把握了风沙运动各主要因素的相互关系，又能通达合变，浑然一体，所以十纲辩证便是人们长期求索的风沙运动理论体系。

从推导过程不难看出，运用对立统一规律是打开困局的关键。一分为二是事物发展的规律，一分为二也是风沙运动各要素之间构成不同组合的基础。没有一分为二的观点就无法反映风沙运动体系各因子间客观存在的、那种活的、变化着的相互关系；脱离一分为二就构建不起风沙运动理论体系。

二、八纲辩证是风沙运动理论体系的核心

从根本上说，沙漠地貌的起源可划分为两个阶段：一是原始的水成沉积阶段，二是次生的风成重塑阶段。前者属于沙物质大量积累阶段，

我国大小沙漠多分布于内陆盆地就是有力的证明。学术上争论的沙漠海成因理论、河成因理论和大陆成因理论，是指它们所处的沉积环境不同而已，它们本质上的共同点是都经历过水成的原始沉积阶段。后来由于气候干旱，地面水退缩，地下水位下降，沙床才露出地表，于是进入第二阶段，风沙危害也由此开始。两个阶段，包括它们的过渡期都是漫长的地质变动和气候演进的结果。尽管在演进过程中有时还出现反复，但总体趋势在地质时期如此。在人类历史时期乃至现代时期，虽然人为破坏和经济活动已成为主要因素，但气候干旱化仍是基本的背景因素（董光荣等，1995）。朱震达教授等提出"沙漠是干旱气候的产物"（1974），是正确的。对我国来说，青藏高原及其周围山地的强烈隆升，阻隔印度洋暖湿气流北上，是造成西北地区气候干旱化的一个重要原因。也是我国治沙虽然取得局地好转，但沙漠化的总体发展趋势却仍然在加剧的原因之一。具体问题，具体分析。知己知彼，百战不殆。对人为的破坏因素，要用社会的乃至国际的政治手段和经济手段去解决。对于自然因素，则应探索自然规律，从规律中找出解决的办法。根据沙漠起源两个自然发展阶段的划分，不难看出，我们现在所从事的治沙工作都属于第二阶段范畴。

上述五大基本要素和十纲辩证是把风沙运动总体进行分解和综合研究后得出的结论。它比较繁杂，不易掌握要领。如果考虑到沙漠地貌的起源，分清原委，剪去枝蔓，将会捕捉到风沙运动理论体系的核心，收到重心突出的效果。

首先取第二阶段初期常见的、平坦而裸露的沙质地表作为研究风沙运动的标准下垫面。这类下垫面除沙源充足，风可直接接触沙面外，没有植被和大尺度地形干扰，微起伏地形对风的扬抑作用很小可以忽略不计。因而这类地表对于研究风沙运动规律，是最为理想而纯朴的原始形态。由于这类下垫面的扬抑作用可以忽略不计，所以参加风沙运动的要素由原来复杂情况下的五个减为标准状态下的四个，即只有风、沙源、风沙流和沙地地表形态。与此相对应，风沙运动规律由原来的十纲辩证，变为强、弱、走、停、盈、亏、蚀、积八纲辩证。因为没有外界干扰，所以八纲辩证是风沙运动理论体系的核心，是十纲辩证的基础。

第五节　风沙运动辩证图的创绘

为了更直观、更简捷表达风沙运动体系内部各要素之间相互促进、相互制约、有合有变的辩证关系，在理论推导过程中需要佐以图解。图解和正文可以相互印证、相互诠释，深化我们对风沙运动机理的理解。

一、辩证图的推导过程

如前所述，风的作用有二：一是吹袭沙地地表，起动沙粒，形成风沙流，于是构成风→沙地→风沙流这一链条。这可用图 1 - 2(A)表示。二是输移沙粒，在输移中使跃移颗粒获取更多的动量，在落地时冲击地表，进而冲击起动沙粒，于是构成风→风沙流→沙地这一链条。这一过程可用图 1 - 2(B)表示。

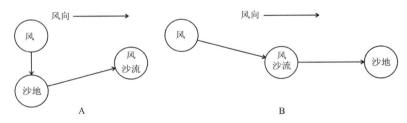

图 1 - 2　风沙运动中风力作用分解图

风的两大作用是同步进行的，沙粒的起动和前移也是有机结合的。因而需要把 A 和 B 这两个分节动作联结起来使其恢复原态。于是绘出结构图(图 1 - 3)。

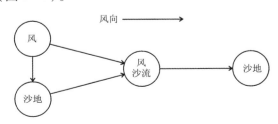

图 1 - 3　风沙运动简明结构图

结构图简单地表达了风沙运动以风的两大作用为发端、以沙粒起动和输移为主体的相互关系。结构图相当于化学的分子结构式，在风沙运动中它是单独存在的最小独立单元。举凡一有风沙运动，必然有这个最小单元存在。而且它的构成必然有风、（上风）沙地、风沙流、（下风）沙地。如同多个分子可以合成一样，风沙运动单个结构经常组成复合型连续结构，见图 1 - 4。

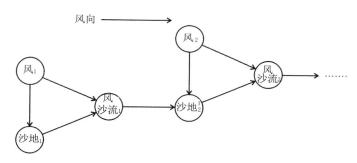

图 1 - 4　风沙运动复合型连续结构图

简单结构图用以表示简单地表上的风沙运动。而复合型连续结构图用以表示复杂地表上的风沙运动。

通过占位，结构图展示了上下风区的相对关系和基本要素之间的组合排序轮廓。但仅凭这种架构，还看不出要素之间所具有的那种活的变化。它还缺乏风沙运动各要素间对立统一的内在联系。而 R · A · 拜格诺所说的要素的"不同组合"，正是指它们之间这种活的变化关系。

什么是"要素的不同组合"？拜格诺所说的"要素的不同组合"与兹那门斯基所说的"必须考虑风、风沙流和现有地形系统的相互作用的某些特征"这二者之间存在着什么样的内在联系？这些问题其实在第四节里已经做了回答。重复地说，要素之间之所以能够出现不同的组合，在于每个要素自身具有可变性。也就是每个要素在参与风沙运动时，它门都在变化，都能一分为二。按结构图，风强可以形成一套组合，风弱也能形成一套组合。同理，沙源充足可以形成一套组合，沙源不充足则会形成另一套组合。这里所说的成套组合就是要素之间的联动效应。以此类推，下垫面、风沙流、沙地地表形态等要素无一不具备这种可变的表现特征。看到这种合变关系，抓住一分为二这个活的灵魂，就抓住了风沙运动的机理。因此在结构图中，在各要素发出的矢向键上我们才标明要素的主要表现特征的变化态势，以解决要素不同组合这一问题（图1 - 5）。

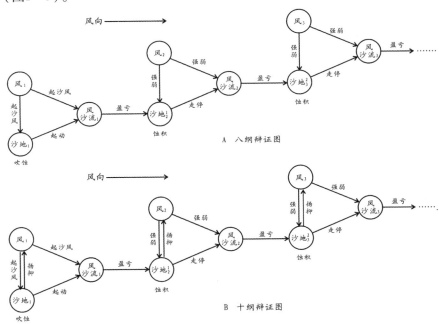

图1 - 5　风沙运动辩证图

或有问，前面已多次提到构成风沙运动的要素为风、沙源、下垫面、风沙流和沙地地表形态共5个，为什么在辩证图内沙源、下垫面和地表形态这3个要素均已不见，却增加了一个"沙地"呢？原来在风、沙源、下垫面、风沙流和沙地地表形态这5大要素中，沙源、下垫面和沙地地表形态比较特殊，它们三者虽然是三个不同的概念，有着各自的作用，但又共寓于沙地之上，堪称三位一体。换言之，沙地既是沙源，由它供给沙物质；沙地又是下垫面的载体，各种地表组成物质都处于其上；同时沙地又是地表形态变化的承受者，沙地形态的蚀积变化，即是沙地地表的变化。鉴于这种特殊关系，考虑到野外实际情况，在构图时让"沙地"身兼三任。让沙源、下垫面、地表形态三要素在一个牌子（沙地）下"合署办公"，同时各自的主要表现特征不变，做到各司其职。于是在展示沙地的作用时，便出现三种表达形式：一是代表沙源，由沙地发出一个矢向键指向风沙流，键上标出"走停"二字，以示沙源对沙粒的供应状况。二是代表地表形态变化，故在沙地的下方标有"蚀积"二字，以示它作为风沙运动的载体所发挥的作用。三是代表下垫面，故在图1－5(B)中由沙地发出一个指向风的矢向键，键上标出"扬抑"二字，以示下垫面所发挥的或扬或抑作用。总之，结构图在标出这些变化特征之后，它所显示的作用已经不是单纯的要素之间的结构和排序问题而更重要的是它显示了风沙运动中各要素之间所具有的那种活性、那种变化的机理。因此推演到这一步，结构图变成了八纲辩证图和十纲辩证图。或称之为风沙地貌蚀积模式图（孙显科，1999）。

由此可见三位一体这种处理是返璞归真，更切合实际，毫不妨碍沙源、下垫面和沙地表形态这三个要素各自作用的发挥。这也是事物的内在统一决定了它外在的表现形式。

辩证图除表达风沙运动的总体规律外，还有其他适用功能。为了便于应用，也可按地貌小区划分独立单元，并将同一地貌小区的要素编以相同的序号。这样：

①具有下角标的沙地$_1$、沙地$_2$……，分别为第一、第二小区的开端，对下风区它们为沙源。

②具有上角标的沙地^1、沙地^2……，它们处于各自小区之尾，接受上风区的来沙和风沙流的袭击。

③具有上下角标的沙地为相邻两小区的首尾结合点，具有承上启下的作用。如沙地$_2^1$表示该处（或该测点）为第一小区下风侧末端，同时又是第二小区的起点；它兼有沙地^{1}和沙地$_2$的功能。另如沙地$_3^2$等也都一身二任，从而体现了由众多地貌小区的变化构成一个"地形系统"。

二、辩证图的解读

（1）风是风沙运动的动力源，辩证图始终把要素"风"置于醒目的主导地位。由它开始发出两个矢向键，一是直接起动地表沙粒，形成风沙流；二是推动风沙流中的沙粒加速前进。但能否起到这些作用，关键在于风速的强弱。因此由它引发的两个矢向键上标出"强、弱"二字，以示风的动态特征。

（2）在图式的开端，要素"沙地"带有两个矢向键：一是来自于"起沙风"，一是指向"风沙流"，表明此处地表或为吹蚀起点，或是处于风沙乍起之时。因而上风区没有来沙，它只有对下风区供应沙粒的功能。故在此类"沙地"的底部标有"吹蚀"二字，并在其右侧的矢向键上标有"起动"，以示沙粒输出与地表吹蚀的同步发展关系。其后各小区"沙地"带有三个矢向键，表明该处地表处于风沙运动的连续面上，既接受上风区来沙，又向下风区供沙，沙粒起起落落，停走交织。故在此类"沙地"的底部标出"蚀积"二字，以示地表或蚀或积发展变化的态势。就起因而论，任何一地的吹蚀或堆积，除取决于来自上风区的风沙流外，还取决于变化着的当地风速。图式把对应的风速用矢向键自上而下指向当地地表。

（3）"沙地"列于图式的底部，一是展示"风"与它的主从关系；二是表示它是风沙运动的基础。"沙地"作为沙源它是沙物质的供应者，作为地表形态它是吹蚀与堆积的载体，作为下垫面它能以不同的地表物质干预风、沙源和风沙流的发展。"沙地"这种三位一体的作用构成了风沙运动赖以形成和发展的基础。很显然，如果没有这个基础，例如在海洋面上，断然不会出现风沙运动。

（4）图式中要素"风沙流"，有两个分别来自"风"和"沙地"的矢向键指向于它。这表明风沙流是由气流和沙粒组成的气固二相流动体，其属性由风速的强弱和含沙量的多少所决定，也说明除风力强弱外，沙源对沙粒的供给状况对于风沙流含沙量多寡起着重要的作用。风沙流含沙饱和度是沙地蚀积调节的杠杆。在要素"风沙流"的右侧矢向键上标出"盈亏"二字，以示含沙饱和度对控制沙地地表形态或蚀或积所发挥的关键作用。

风沙流始终处于沙地上下风区之间，且高出地表，这可凸显风沙流是风沙运动的主体和它对沙地蚀积所发挥的由此达彼的桥梁作用。

（5）本理论体系的一个重要论点是为流体起动的作用正名，不认为流体起动在有了跃移质冲击起动之后变得无足轻重，而确认两种起动具有兴衰与共的关系。因此在构图上有来自"风"和来自"风沙流"的两个矢向键同时指向"沙地",以展现气流和跃移质冲击这二者对沙粒起动的共同作用。

（6）辩证图中"风"、"沙地"和"风沙流"这些因子的往复轮回呈递进式出现,表示风沙地貌所独有的蚀积轮回的特征以及由此而构成的沙地地形体系。

（7）辩证图是风沙运动理论体系的组成部分。逆风向倒读时,各要素间相互关系不变。倒读可以溯本求源（原）。

（8）辩证图表达了风、沙源、下垫面、风沙流、沙地表形态五维一体的联动理念。

三、辩证图的应用

如前所述,辩证图的功能在于它能展示风沙运动的发展过程和风沙运动中各主导因子的相互关系,除此之外,它还能解释风沙运动中所遇到的具体问题。也可以展示和推导风沙地貌的发展机理。理论的价值在于它具有穿透力,能够透过现象看到本质;还在于它能够应用。在研究沙地地表形态的发展变化时,可根据研究对象和研究内容的繁简,将地面划分为若干个地貌小区（或区段）,将观测点设在小区的首尾两端。复杂的地貌形态可多划几个小区。把要素的变化特征,即风速的大小、沙源的供沙量（沙流量）、风沙流含沙饱和度（风沙流结构）和地表的蚀积强度作为观测内容。对于下垫面主要测其对近地面风速的削弱或加大程度。五项内容可全测,也可只测其中一两项。兹举例如下。

1. 用两点法判断平坦沙地的蚀积和沙丘的消长

在所要研究的区段内,顺风向任选两个观测点 A 和 B,A、B 即相当于辩证图中的"沙地$_1$"和"沙地^1"。测得两点的沙流量分别为 Q_A 和 Q_B。若 $Q_A > Q_B$,表明上风区来沙量大于下风区输出量,由此判定所测区段内有积沙。反之若 $Q_A < Q_B$,则表明所测区段内地表受到吹蚀。对于平坦沙地可用此法判断其蚀积状况和蚀积强度;对于不平坦的沙地,例如对于沙丘的消长,也可如法炮制。

沙丘的消长问题说到底也是沙量的收支平衡问题。只要在沙丘的前后,即在迎风坡上风侧和背风坡下风侧各选一个对应的观测点,采用坑穴截沙法截留过境的沙粒。同判断平坦地表的蚀积一样,如果迎风侧测点截留的沙量大于背风侧截留的沙量(在一般情况下都是如此)则表明该沙丘是增长型沙丘。这是观测沙丘整体消长所采用的一种方法。如若观察沙丘在整体运动中各部位的进展情况可以在沙丘的纵向中轴线上采用多点标杆法直接观测沙丘表面的蚀积变化。采用这种方法,标杆所反映的地表吹蚀,是该处床面沙粒入不敷出的一种反馈。

2. 用以解释人工治沙原理

风沙为害是风和风沙流对沙质地表进行吹蚀、搬运和堆积而造成的。为此,治沙主要是切断风与沙的联系,使之不能形成风沙流。欲达此目的可从对风和沙两个方面着手进行治理。造林种草、保护现有植被以及设置机械沙障都是着眼于对风速的削弱,提高地表粗糙度,利用这些措施控制风沙流的蚀积机制。黏结剂固沙则着眼于对地表沙粒的固结,使得气流虽未减速但却不能起动沙粒。以上无论从处置风速入手还是从处置地表沙粒入手,都能切断风与沙的联系。辩证图中"风→沙地→风沙流"这个链条由于风与沙失去联系,由"沙地"指向"风沙流"的矢向键也就消失,链条一经中断,便无沙可流。

我们曾经把治沙措施根据它对风沙运动的影响和对地表形态产生的效应,归纳为固、输、积、削、堵、导六法。从原理上说,固、积、堵是抑制风和风沙流的侵袭。上述植物治沙和机械固沙乃至黏结剂固沙都属于这一种。然而这只是治沙中的一个方面,即抑制风沙袭击,促使流沙停滞。还有另一方面,那就是输、削、导,用以促进沙粒运移,克服其停滞。当防护工程有积沙出现造成沙埋或沙压时,或者在开发利用中需要把沙丘削顶或夷平时,这种促进沙粒运移的方法就有必要了。于是风力拉沙、导风板输沙、固身削顶等方法应运而生,成为治沙中不可缺少的措施。辩证图以"扬抑"两字,而不单用一个"抑"字来标明下垫面与风和地表的关系,就是强调从两个方面进行治沙的原理。

3. 用图式推演风沙地貌发展变化的总体特点

前已述及,风沙地貌是风和风沙流对沙质地表进行吹蚀、搬运和堆积的结果,因吹蚀而出现风蚀地形,因堆积而产生风积地貌。在风沙地貌的形成过程中,"风蚀是风沙活动的关键环节";"风蚀过程具有隐蔽性,在短期内不易察觉";"与水蚀相比,风蚀作用具有无边界性和持久性"。我国风沙地貌学家吴正教授在《风沙地貌与治沙工程学》(2003)

中对风蚀提出的这些分析是全面的，论断是正确的。鉴于风蚀地貌和风积地貌都各有专题进行研究，这里不再重复，仅根据他们的研究成果就吹蚀与堆积这两种地貌形态之间存在怎样的内在联系以及如何利用图式予以表达等问题做一探索。

20 世纪 50 年代苏联学者 Б·А·费多罗维奇通过航测片分析，在《现代沙漠地貌的起源》一文中曾说过"根据最新研究，风能相等地造就风蚀地形和堆积地形。"又说："在形成风成地形时，吹蚀—堆积过程的统一，不排除这种过程在空间划分上有形成对立的可能。"寥寥数语，讲明了吹蚀与堆积两种地貌形态的辩证关系，即吹蚀与堆积在数量上相等、在空间形态上对立、在时间上表现为统一的发展过程。吹蚀与堆积的发展过程在图式中，表现为"沙地"吹蚀和地表沙粒输出与气流含沙量增大具有同步发展关系。吹蚀强度加大，必然沙粒输出增多，同时会导致气流含沙量增大。而气流含沙量增大为风沙流含沙饱和度趋向饱和及地表产生堆积创造了条件。图式以要素"风沙流"中含沙量的盈亏展示了这一关系。

在一定风况下，流沙地表吹蚀强烈的地区，风沙流含沙量容易达到饱和，饱和路径长度要短，会形成蚀快积快的局面。所以沙源丰富地区，蚀积循环周期短，沙丘常常连绵起伏。反之，吹蚀缓慢的地区，风沙流含沙量不易达到饱和，饱和路径要长，形成蚀慢积慢的局面。所以沙源不丰富的地区，沙丘稀稀落落，丘间低地很宽。

堆积过程是风沙流中沙粒逐渐减少的过程，尤其风沙流翻越沙丘顶部之后，附面层发生分离，在背风坡出现大而单一的涡旋（涡流）。这时风沙流饱和度降至最低点。而饱和度的降低又为下风区的吹蚀创造了条件。所以在干旱的沙漠地区，地表形态的总体表现为蚀而后积，积而后蚀，吹蚀与堆积有规则地相互交替。据此我们确认蚀积轮回以及轮回过程中表现出的蚀快积快、蚀慢积慢，是风沙地貌总体发展的主要特点（孙显科，1986）。至此我们的蚀积辩证观可以总括为：蚀中有积、积中有蚀，蚀后有积、积后有蚀，蚀快积快、蚀慢积慢，蚀积等量、形态分立。这些特点既揭示了风沙地貌的演变过程，也揭示了沙地地形系统内上下风区所特有的内在联系，以及风蚀地貌和风积地貌的相互关系。辩证图以相同要素反复轮回、循序渐进的复合结构表达了这些特点的发展进程。

第六节　两个风沙运动辩证图的比较

1986 年作者以"风沙流的蚀积规律与应用技术的初步研究（八纲辩证 六法治沙）"为题，在《新疆林业科技》第二期上发表。感谢陈仲元研究员的厚爱和帮助，他根据中国林科院高尚武研究员的评语，为拙文加了编者按语，并破例包括参考文献在内全文发表。按语指出："把风对地表的风蚀过程分解为强、弱、走、停、盈、亏、蚀、积的'八字纲'，把固定流沙的方法归纳为固、输、积、削、堵、导的'六字法'。深入浅出，阐明了干旱地区风沙活动的基本规律并提出行之有效的治沙方法。本文在理论上有所创新，应用上切合实际。对'三北'风沙线上的防风治沙工作有重要的应用价值"。拙文有些纰漏，但系统论点和思路尚比较清晰，见刊后受到同行些许关注。1988 年马世威在《内蒙古林业科技》第一期以"风沙运动辩证规律与治沙措施的关系"为题，发表了相似的论文。他的思路和某些提法如"风速的强弱、风沙流的饱和和非饱和、沙粒的走停、地表的蚀积"；"风蚀是搬运的开始，堆积是搬运的停滞"；"以固促蚀"、"断源输沙"以及"蚀积辩证"关系等，都与拙文的系统论点相同，但他没有标明出处或列出参考文献。

对复杂的风沙运动，存在着反复多次循序渐进的漫长认识过程，大家互有启发。马世威在文中绘出的框图（图 1 - 6）具有创意，用图解方法往往更能直观简捷地表达出作者的本意。受他的启发，后来我绘出"风沙地貌蚀积模式图"（1999），即今天的八纲辩证图和十纲辩证图。

予的辩证图与马世威的框图相比，二者都强调风沙运动各因子之间的相互促进和变与不变的辩证关系。二者的区别在于，一个内涵多于外在表现，另一个外在表现多于内涵。一个把风、沙源、下垫面、风沙流、沙地地表形态五大要素并列；另一个把风、沙、下垫面三个要素并列，外加风沙流变化和地表变化。两种图式各有所长，如能改进，可以优势互补，收相得益彰之效。

由于风沙运动产生风成基面，反过来风成基面又影响风沙运动。于是"风沙运动"与"风成基面"构成了互为影响的大循环。这是风沙运动

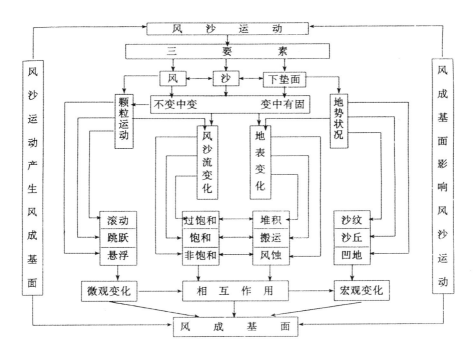

图 1 - 6　风沙运动与风成基面的关系图（马世威，1988）

与地表形态变化之间的最基本关系。"风成基面影响风沙运动"和"风沙运动产生风成基面"这种看法是正确的。但是如果将二者并列于关系图的两厢用图框圈起，同时都向"风沙运动"和"风成基面"发出指令，好象一切都发端于两厢。这反而淡化了"风沙运动"这个主题，有喧宾夺主之虞。这是一。

其次，说过饱和与堆积具有正态和逆态两种反应，值得商榷。我们认为过饱和只能产生堆积。而堆积不能产生"过饱和"，堆积只能使风沙流降低饱和度，变为"非饱和"，否则无法解释"积后有蚀"的蚀积循环规律。

第三，由风、沙、下垫面相互作用而出现的"不变中变"和"变中有固"不仅影响"颗粒运动"，也能影响"地势状况"。因此也应有矢向键从图框右侧指向"地势状况"，以回应风、沙、下垫面三要素对"地势状况"的影响。否则图框"不变中变，变中有固"会与"地势状况"出现短路。

第四，在风沙运动中由风、沙、下垫面的相互作用所塑造的沙纹、沙丘、凹地，都属于风成地貌范畴。因此将原已属于下垫面范畴的"地势状况"似应改为"地表形态"可能更确切些。

基于以上四点考虑，可否将其修改如图1-7所示，谨供参考。

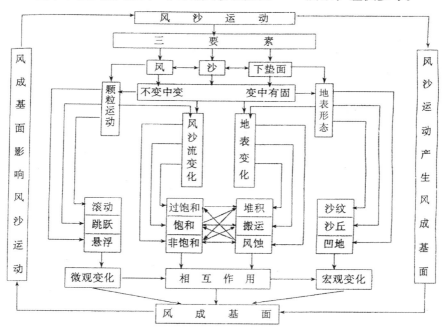

图1-7　风沙运动与风成基面相互关系辩证图

（孙显科根据马世威框图改绘，2009）

第二章

风沙运动几个基本问题的讨论

引　言　前一章从宏观角度对风沙运动的总体规律进行了探索。为确保脉络清晰、不枝不蔓，有些论点只能点到为止，更深入的展开留给本章处理。本章所探索的几个具体问题都是治沙工作经常接触的实际问题，也是研究风沙运动遇到的基础理论问题。为了叙述方便，将其归纳成四节。

本章提出"风力集中"论点，为流体起动作用正名。气流为什么能够起动密度比它大 2000 多倍的沙粒，这个问题长期以来没有解决。本章以混合沙输沙率增大为突破口，通过室外试验和论证分析，破解了它的玄机，指出沙粒的流体起动机理在于风力集中。首次对沙粒两种起动的不同性质予以界定，将流体起动定性为风蚀性起动，将跃移质冲击起动定性为置换性起动。强调沙粒跃移在风沙运动中具有双重性。与长期流行的重冲击轻流体的起动观点不同，本章提出沙粒两种起动具有优势互补、兴衰与共的新论点。将跃移质冲击起动与流体起动这两种起动效能之比由拜格诺研究的 19：1 改写为 3：1。对沙粒单体和群体两种移动类型做了进一步划分，将风沙流运动界定为沙粒群体无序运动，将沙纹和沙丘移动界定为沙粒群体有序运动。指出沙纹的本质属性不在于波长的大小和粒配组成成份，而在于它是沙粒群体有序运动的最小独立单元。对新月形沙丘前移机理提出以沙纹移动为组合、蚀旧积新、交错换位、翻滚前移的论点。对风成沙地地形顺风向高长比提出 1/10 定律。指出构成大小风成地形 1/10 高长比的同源是气流垂直向上分速与水平纵向分速之比。

第一节　沙粒的流体起动机理问题

风沙运动的许多表现无不与沙粒的流体起动相关联。气流为什么能够起动密度为它 2000 多倍的沙粒？这是风沙运动研究中首先遇到的最基本的问题。由于人们对沙粒流体起动机理的认识和理解不同，往往忽视流体起动在风沙运动中的重要作用，进而对风沙现象做出不同的解释。所以研究沙粒流体起动机理破解它的奥秘对于治沙在理论和实践两方面都有现实意义。

沙粒究竟是如何被风起动的，有多种假说各持己见，已如前述。但在风沙运动中有一点为大家所认同，那就是混合沙的输沙率显著增大。本节抓住这一表象作为突破口，对沙粒流体起动机理展开讨论。

一、从混合沙输沙率增大说起

在同等风速下，混合沙同与其平均粒径相等的均匀沙相比，混合沙的输沙率要大。R·A·拜格诺在他著的《风沙和荒漠沙丘物理学》中给出输沙率公式如下：

$$q = \alpha C \cdot (d/D)^{1/2} \cdot (\rho/g) \cdot (v - V_t)^3 \qquad (2-1)$$

式中：q 为输沙率，D 为 0.25mm 标准沙粒径，d 为研究中的沙粒粒径，ρ 为空气密度，g 为重力加速度，v 为气流流速，V_t 为沙粒起动风速，α 为常数，其值为 6.58×10^{-4}，C 为与沙床粒配有关的经验系数，具有下列数值：

几乎均匀的沙　　　　　　　　　　$C = 1.5$
天然的不均匀沙（如沙丘沙）　　　$C = 1.8$
粒径变化很大的沙　　　　　　　　$C = 2.8$

仅由 C 的取值即知，在其他条件都相同时，粒径变化很大的混合沙输沙率竟为几乎均匀沙的 1.87（2.8÷1.5）倍。贺大良（1990）根据埃里定律指出："当粒配不均匀时，流速稍有增加，它所能带动的最大蠕移颗粒粒径就急剧增长"。混合沙床投入运移的沙粒因受分选影响总是先细后粗，只有表层细沙走尽，才能逐级轮到暴露出来的粗沙起动。所以在相同时段内最大径级的蠕移沙粒急剧增长也是输沙率急剧增大的一个重要标志。董治宝根据风洞试验对比确认，"混合沙起动风速不同于均匀沙，……在径级和平均粒径相当的条件下，混合沙的起动风速为小"（引自杨具瑞等，2004）。在同等风速下，起动风速小，标志着沙粒起动数量增多，因此它也是混合沙输沙率增大的一种表现。

混合沙输沙率增大虽已成为共识，但对增大原因的解释，并不多见。率先对这一问题做出解释的是 R·A·拜格诺，他认为混合沙输沙率增大是跃移颗粒冲击反跳的结果。他说："在考虑了跃移颗粒的（运动）轨迹以后，便立即会看出此中的原因。更多的跃移颗粒在和地面碰撞时遇着比它们自己更大的颗粒，因而有从这些大颗粒反跳起来的趋势，……这样，平均向上的速度增大，跃移的颗粒上升得更高，并且在飞行的过程中，它们飞得更远。"

我们赞同拜氏关于跃移颗粒反跳更高有助于输沙率增大的分析，但也必须指出：拜氏谈的这些是流，而不是源。在风速一定时，沙粒起动数量的增多才是保障输沙率增大之源。反跳并不能引起沙粒起动数量的增加，因而我们不认为跃移质反跳是促成混合沙输沙率增大的主要原因。相反下述试验表明，流体起动对混合沙输沙率增大具有不可替代的重要作用。

二、混合沙输沙率增大的室外试验与分析

1. 室外试验

在一块长宽为 200cm×85cm 的平整木板上，将筛选好的沙粒铺成 3 个并列的样方。3 个样方长宽厚均为 75cm×50cm×3.5cm。样方 1 的沙粒粒径 <0.125mm；样方 2 的沙粒粒径为 0.2~0.5mm；样方 3 的沙粒粒径为 1.2~2.0mm。样方铺好后，将木板用两条板凳支起，使木板的上表面高出地表 50cm，置于两幢房子之间，以利于控制风向。当 2m 高处的风速达到 4.5m/s 时，样方 1 上的沙粒开始起动；当风速达到 7m/s 时，样方 2 开始出现沙粒起动，运动微弱，沙纹不清晰；当风速达到 9m/s 时，样方 1 和 2 的沙粒运动强烈，移动数量增多，移距增大，但样方 3 的绝大部分沙粒仍然不动，只是偶有阵性最大瞬间风速出现时，极少数沙粒才动一动，但移距相当短，在 3cm 以内。后将样方 3 与样方 2 的沙粒按 1:3 混合，此刻尽管风速减弱到 8.5m/s，移动却较

样方 2 快，沙纹也较样方 2 清晰。大沙粒移到波峰，小沙粒处于波谷。后来风速又达到 9m/s，没过 1 小时，混合样方沙粒被吹去 3/4，在上风区露了木板表面，而对照样方 3 却依然如故。

本试验如按温德华粒度分级，第一样方沙粒粒级当为极细沙；第二样方介于细沙与中沙之间，大部分为中沙；第三样方为极粗沙。为了叙述方便，这里按细、中、粗三种相对称谓进行分析。

2. 试验结果分析

本试验设在室外，意在最大限度地解决风洞实验中遇到的几何相似、运动相似和动力相似问题。本试验特意使沙样表面高离地表 53.5（50 + 3.5）cm，意在切断外界跃移质对样方表面的冲击，使试验处于"净风"状态，避开夹沙风对流体起动的干扰。

在这种条件下，混合沙中径级为 0.2 ~ 0.5mm 的中沙，在 8.5m/s 风速下比混合前样方 2 在 9m/s 风速下移动得还快；混合后径级为 1.2 ~ 2.0mm 的极粗沙，在 8.5m/s 风速下即已起动前移，当风速达到 9m/s 时，没超过 1 小时已前移 56（75 × 3/4）cm，而对照样方 3 绝大部分沙粒仍未起动。这些事实表明，粗沙与细沙混合后就等于加进了起动剂，使得沙粒在 2m 高处风速尚未达到它们应有的临界起动值时，即已超前获得起动。这是在没有跃移质参与的起沙阶段测到的气流对沙床直接作用的结果。沙粒起动是输沙率增大的先决条件。气流对混合沙所发挥的这种超前起动的作用，既然发生在跃移质出现之前，而不是发生在跃移质出现之后，因而我们认定，流体起动是促成混合沙输沙率增大的第一要素。

随着试验的继续，沙床表面出现沙粒跃移。跃移质的出现，标志着风沙活动从短暂的由单一的流体起动构成的起沙阶段，发展到复合的由流体和跃移质冲击两种起动构成的后续持续发展阶段。在后续阶段由于两种起动作用的叠加，输沙率（量）在原有基础上有新的增长。这表现为来自沙床上风区（上游）的过境沙粒在下风区（下游）有的通过反跳，有的通过重新起动，都能及时得到输移。因而下风区沙床表面非但没有因为沙粒输入增多而出现堆积，反而由于沙粒输出大于输入而略有下蚀。

值得指出的是，沙床上风区前缘无论在起沙阶段还是在后续阶段，此处始终是吹蚀的起点，既不受外界跃移质冲击，也不受样方内部跃移质冲击。对于这样一个由流体单一起动构成的特殊区段，与受双重起动的下风区段相比，是气流促成了沙粒超前启动。试验结果：并不是下风区优先露出木板表面，而是前缘区段优先露出板面，使吹蚀形态由上风区向下风区推进，这就进一步证明，即使在跃移质出现之后，气流对混合沙的直接起动作用仍然维持其超前态势而没有衰减，更没为跃移质冲击所取代。由此我们认为，无论在起沙阶段还是后续阶段，超前起动始终是气流促成混合沙输沙率增大的一个重要因素。如果说有什么特殊的话，就在于样方是长方形棱台，上表层为平面，而四周侧面都是34°自然倾斜面。上风区优先露出板面，是斜面飞升力发挥了作用；因为坡面有助于风力集中、降低沙粒流体起动值。但这一点并不影响混合沙与均匀沙在输沙率方面的对比，因为样方的形体和外界条件都是一样的。

为什么沙粒一经混合就能获得超前起动？粒配的改变到底与沙粒的流体起动机理存在着怎样的内在联系？这是本节要探讨的中心议题。

三、沙粒的流体起动机理与风力集中论点的提出

1. 混合沙流体起动值的相对降低与贴地风速的绝对增大

在输沙率公式（2 - 1）中，拜格诺取 $a = 6.58 \times 10^{-4}$，$c = 1.8$，$d/D = 1$，$\rho/g = 1.25 \times 10^{-6}$，将风速与输沙率的关系式简化为：

$$q = 1.5 \times 10^{-9}(v - V_t)^3$$

输沙率单位采用吨每米宽度每小时，即 $t \cdot m^{-1} \cdot h^{-1}$。他根据 $(v - V_t)$ 差值的三次方算得，$16 m \cdot s^{-1}$ 强风1天内的输沙量将等于 $8 m \cdot s^{-1}$ 的风3个星期的输沙量。由此可见 $(v - V_t)$ 是决定风沙活动强度的"有效起沙风"（凌裕泉，1997），也是判断沙粒起动量的重要依据。据此令 $(v - V_t)$ 和 $(v' - V'_t)$ 分别代表均匀沙和混合沙的活动强度。混合沙超前起动表明 $(v' - V'_t)$ 活动强度大，故下列不等式成立：

$$(v' - V'_t) > (v - V_t) \tag{2 - 2}$$

又知试验是在同等风速下同步进行的，所以式（2 - 2）可改写成：

$$(v - V'_t) > (v - V_t) \tag{2 - 3}$$

解式（2 - 3）得：$V'_t < V_t$。

这表明，混合沙超前起动是沙粒临界起动风速降低的结果。但应指

出这个降低是相对的、有条件的。所谓相对就是与同等径级的均匀沙的起动值相比较；所谓条件就是：①沙粒的配比一定，②我们的室外试验为 2m 高处的测速。如果改变其中任意一个条件，起动风速值就会发生变化。根据这些原因称此起动值的降低为相对降低。

从另一角度分析，任何一定径级的沙粒，其质量是一定的。因此它所需的用以克服重力和摩擦阻力的起动动量也是一定的。因此沙粒的起动风速值 V_t 是绝对的，它不依其是否混合而改变。所以我们说上述由 2m 高处观测到的沙粒起动风速 v'_t 并不是通常意义上的真值，而是混合条件下的相对起动值。根据径级一定的沙粒其流体起动值恒定不变这一绝对概念，式（2-2）又可改写成：

$$(v' - V_t) > (v - V_t) \qquad (2-4)$$

解式（2-4）得：$v' > v$。这说明混合沙超前起动是气流流速增大的结果。这与 2m 高处测得的风速恰好相反。不是流速减小，而是流速增大。没有这个增速，沙粒断然不能起动。从这个意义上说，这里的流速增大是绝对的。

以上一个相对，一个绝对；一个说起动风速降低，一个说流速增大。初看起来似乎前后矛盾，但又各有依据。这反映了风与沙相互作用的复杂性，实际上它们是矛盾的统一。类似人们通过杠杆支点的选调，或利用滑轮原理，使 10kg 重的物体可用 5kg 重的力将其举起一样。混合沙可以通过粒配配比，使 9m/s 不动的极粗沙，降为 8.5m/s 起动。沙粒流体起动机理的奥秘就存在于这些"矛盾"与统一之中。

气流流速为什么会增大，混合沙为什么会出现流速增大？又是在什么地方增速的？这是下边要回答的问题。

2. "风力集中"论点的提出和常见的一些表现

原来在风沙运动中，气流受到地形地物的影响后能以湍流形式改变流速和流向，有时可以减速，有时可以增速（参见图 1-1）。而增速必然导致（$v - V_t$）差值增大促成沙粒的输移强度按其三次方关系增长。

从风沙运动物理力学角度分析，根据国内外研究，在两山的细颈处可以产生峡谷效应，使气流加速，从而对沙漠的"迁移"产生控制作用（乌尔坤别克等，1990）。沟谷的狭管效应可使进入沟谷的风速比沟前增大 17%（杨根生等，1993）。铁路大风翻车事故多发生在两山夹一

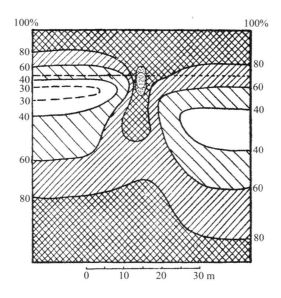

图 2 – 1 林带断条与风力集中

（根据 Eimern, J. Van et al. 1964；引自曹新孙，1983）

口的风口处，因为这种地形能"集风"和"压流" （冯连昌等，1994）。林带能够削弱风速，但中间出现断空的地方，往往形成风口，相对风速达 120% 以上，容易造成风蚀（图 2 – 1）。根据新疆农业科学院造林治沙研究所（1980）对 13m 宽、枝下高为 1m 的白榆幼林的研究，"通风结构林带在较窄的情况下，由于林冠下部形成'通风巷道'，在林带中风速可达对照风速的 108.2%，导致风沙流强度的增加，出现严重的风蚀，并使林带迎风面和背风面林缘附近的作物遭受沙打、沙割"。凡此种种都是地形地物导致气流局部加速运动的反映。按物理学 $F = m$（$d\upsilon/dt$）公式，具有一定质量的物体，其作用力的大小取决于运动速度的瞬间增大，即取决于该物体运动的加速度。而风的压力又与气流流速的平方成正比，即 $p = 1/2\rho\upsilon^2$。据此，作者经过长期观察与思考，把因受地形地物等外界条件影响而造成的气流流速的骤然增大、变向气流的突然出现以及湍流猝发乃至气象学上常见的地面风的辐合加速等，统视为风力集中的表现。风力集中在上述较大尺度地形中可以吹翻列车，控制风沙地貌的演化，加速地表吹蚀，其作用显而易见。在微地形中它的作用如何，却很少有人问津。

3. 混合沙有助于风力集中，促进沙粒起动

混合沙粒的排列特点是粗细沙粒相间。细沙的阻隔使得粗沙粒与粗沙粒多数互不接触，形成粗沙粒大间隙排列。但这种大排列间隙由于有细沙的填充而处于隐蔽状态，没有大的豁口暴露于外，因而沙床表面比较平整。当有起沙风冲击地表时粗沙粒因不动而造成风力集中。起初形成的风力集中不明显，处于表面的最小径级沙粒优先起动。而小径级沙粒一经起动外移，即使是少量的，沙床表面也会立即发生变化，表现为本已存在于粗粒之间的隐形间隙开始转化为显形间隙。用 20 倍放大镜观察，这些突兀于地表上的粗沙粒就像拜格诺所说："有如在流程上的一个孤立的障碍物"。它们两两对峙，中间呈现出明显的"豁口"。受这种微地形影响，贴地风速不再是均匀分布，而是湍流的隙向性发挥了作用，集中一部分风力从并列颗粒之间的豁口处通过。此时处于表层粗粒之间的细沙粒受横向排列间隙的影响非但感受不到粗沙的屏障作用，反而由于风力集中受到强烈的吹扬而前移。随着起沙风的持续，显形间隙在扩大、在深化，集中的风力也逐渐增大。当位于粗沙粒基部使其赖以立足的迎风一侧的细沙粒被风吹走时，有的粗沙粒因基础不稳而顺势滚下；有的则由于受势能和风力的交互影响，表现出前后摆动[①]。最后当粗沙基部的细沙全部被风吹走时，沙床表面完全得到粗化。这就是粗沙粒大间隙排列，通过风力集中促使细沙粒优先起动的全部过程。

细沙被风吹走后表层粗沙粒完全暴露于外，隐形间隙变成了显形间隙，从而扩大了它与风的接触面积。近年杨具瑞等（2004）在研究暴露度问题，将水流条件下非均匀泥沙起动与暴露度关系的研究成果引入混合沙流体起动中来，这是有益的尝试。拜格诺根据 C. F. Colebrook 关于暴露于床面上的粗沙粒对风产生阻力的论述，认为"一颗独自处于其他颗粒之上的暴露的沙粒，不但承受了它所占据的面积上的全部阻力，而且还担当了四周受它掩护的区域上的大部分阻力，即使这一区域的面积超出颗粒投影面积的 20 倍"。颗粒承担的阻力越大，它从风那

---

① 孙显科，《沙粒及沙纹的运动规律》，民勤治沙综合试验站对外交换资料（油印本），1961。

里获取的动量越多，因而越容易起动。这就是试验中粒径为 1.2 ~ 2.0mm 的均匀沙在 9m/s 风速下基本不动而混合后在 8.5m/s 风速下能够超前起动和前移的原因。假如没有细沙先走，粗沙便无法扩大与气流的接触面积，从这个意义上说风力集中又间接地为粗沙粒起动创造了条件。

与混合沙相比，均匀沙径级单一，它们的排列不存在超径级大间隙（否则会有沙粒填充其间），因而每颗沙粒受到的风力作用大体均等，不易构成高强度的风力集中，进而也难以大幅度地扩大与风的接触面积。所以均匀沙流体起动数量在同等风速下比混合沙要少，输沙率（量）相对要小。

4. 沙粒流体起动机理的物理分析

人们通过省力发现杠杆原理。我们从混合沙的超前起动，从 V'_t 减小与 v' 增大的关系中发现了沙粒的流体起动机理。原来不等式（2 - 3）以 $V'_t < V_t$ 表示的混合沙超前起动，或称流体起动值降低，是指在 2m 高处测得的风速值。而不等式（2 - 4）以 $v' > v$ 所示的流速增大，或称风力集中，则是湍流的隙向性造成贴地触沙的瞬间风速值。（$V'_t < V_t$）和（$v' > v$）是在两个不同高度的参照系中得出的不同结论。没有超前起动，人们就察觉不出风力集中在贴近地面处的存在，而没有贴近地面的风力集中就不可能出现 2m 高处所显示的超前起动。二者非但没有矛盾冲突，而且相得益彰。V'_t 越小表明 v' 越大，就像起动越重的物体而用力越小时越能显示杠杆的作用一样。

到目前为止，对微地形促成的风力集中的强度，尚很难用仪器进行直接测定，但我们深感它对沙粒起动的重要作用。R·A·拜格诺在研究沙粒与起动风速的关系时，把粒径 0.1mm 作为阈限，大于这一径级的沙粒，其起动风速 V_t 与粒径 d 的平方根成正比，而小于这一径级的沙粒则无此种关系。尤其小于 0.08mm 以下的粉粒更难以起动。他曾吃惊地观察到，当气流在波德兰水泥粉上面吹过时，"即使摩阻流速 V_* 超过 100，……足以使粒径为 4.6mm 的细石发生运动，这样的材料中却没有一颗开始运动"。我国的风洞实验也表明，在 12.47m/s 风速下，中细沙的风蚀模数相当于 653.40t/（km² · h），而粉沙仅为 0.6t/（km² · h），后者风蚀量仅为前者 1/999（胡孟春等，1991）。粉沙如此难以起动，其原因有多种，有人用颗粒之间的微弱化学键的内聚力的增加、持水力较大以及粗糙度小等原因来解释。但根据拜格诺"颗粒是受到紊动旋涡中快速运动的空气的作用才开始滚动"的观点，我们认为粒径过小，沙床表面光滑不能产生高强度紊动旋涡，湍流也无隙可乘，因而不能形成风力集中是其主要原因。与此形成强烈反差的是，这样的粉粒一经与粗沙粒相混合，或者大风停后从空中沉降到粗沙表面或其缝隙中，再有起沙风吹来时，优先获得起动的就是这些粉粒。可见微地形所造成的风力集中对沙粒的起动作用比我们想象的要高出多倍，有的甚至几十倍或上百倍。由此也就不难理解为什么大风天野外粉尘得以优先起动的原因。至此应该说人类长期以来对气流为什么能够起动密度比自身大2000倍的沙粒这个谜底可能通过风力集中基本上得到破解。剩下来的就是对沙粒起动力的分析问题了。

四、关于跃移质反跳性质的分析

在沙床上当受到跃移质冲击的沙粒不能起动时，俯冲的跃移质便产生不同程度的反跳。反跳是沙床抵御跃移质冲击的一种反应。在治沙中为防止沙埋，在铁路路基两侧铺以碎石或砾石，以便在跃移质冲击时引起强烈反跳，增加其上升初速和上升高度，加大飞行距离，提高输沙率。显然反跳是碎石和砾石对冲击力产生反作用的结果，是冲击起动遭到抵制的一种反应。拜格诺说的混合沙床有"更多的"跃移颗粒出现反跳，这恰恰证明混合沙比均匀沙具有较强的抗御跃移质冲击起动的能力。正是基于这种反抗，我们判定与均匀沙相比，在混合沙床上受跃移质冲击而起动的沙粒数量相对要少，而不是增多。

重复地说，在风沙运动中先有沙粒起动而后才有沙粒输移。起动是输移的前提。因此从根本上说，输沙率增大依赖沙粒起动数量的增多和起动质量的提高。脱离这个大前提，不考虑沙粒原发性起动，只强调反跳对输沙率增大就如同断源之水将失去后续补给。沙粒反跳同流体起动的本质区别就在于反跳不是原发性起动，它不能同沙粒分选、同地表吹蚀以及同沙粒对气流补给保持同一性，做到四位一体。反跳属于继发性起动，是来自上游已动沙粒的再转移，是跃移运动的延伸，而不是沙粒起动数量增多的标志。在反跳点上没有击起新的沙粒投入运移，所以那里的沙粒输出与输入数量相等。对沙床表面，反跳颗粒都是"匆匆的过客"，既不能引起沙床表层下蚀和粗化，也不能促成埃里定律所指出的"最大蠕移颗粒粒径(运动)急剧增长"。

在野外，输沙率增大经常与地表吹蚀和表层粒配粗化相伴生。这些表象既然与跃移质反跳没有直接关系，却与流体起动相关联。这就从正反两个方面证明，对跃移质反跳促成的输沙率增大不可估计过高。在混合沙的起动和输移上起主导作用的是流体起动而不是跃移质冲击起动。跃移质反跳是促成混合沙输沙率增大之流，而风力集中增加沙粒起动数量才是促成输沙率增大之源。

五、治沙实践的检验

我们提出风力集中这一论点，不仅根据野外观察和室外试验发觉了它的存在，而且深感由于它的存在造成沙障固沙失败的事例屡见不鲜。用花棒枝条编成的辫状沙障和用黏土制成的土坯沙障，由于材质坚硬不能与沙面整合，在缝隙处经常出现风力集中，终致沙障被毁。黏土沙障初试时也因障内出现局部气流而受到掏蚀。鉴于风力集中是沙障招致失败之源，所以在设置沙障时，要设法消除风力集中。这些后文还将详述。

第二节 沙粒两种起动关系与沙粒跃移的双重性

沙粒两种起动贯穿于风沙运动的全程，是风沙地貌赖以形成的基础。因此流体起动和跃移质冲击起动前人和今人都有深入研究。他们多从物理力学和空气动力学角度分别进行分析，取得许多有益的结论。但对两种起动的不同性质未曾见到报道。也许正是由于不曾注意两种起动在本质属性上的区别，常常导致对沙粒两种起动的相互关系，以至对风沙运动某些表象做出不同的判断和解释。所以首先区分沙粒两种起动性质、研究和廓清沙粒两种起动关系对深入了解风沙运动机理十分重要。

一、研究沙粒两种起动关系是深入认识沙粒两种起动效能的继续

风沙运动是由沙粒起动开始的。起初人们认为沙粒全部是由气流直

接起动的，到 20 世纪 40 年代初 R · A · 拜格诺指出气流还可将动量传递给跃移质，再由跃移质冲击地表起动沙粒，此即为人们简称的（跃移质）冲击起动。从此人类对沙粒起动的认识进入一个新的阶段——沙粒两种起动阶段。显然冲击起动也是以风为动力源，它属于气流的间接起动。

有了两种起动认识之后，如何评价两种起动的作用一直存在争议。争议的实质是对两种起动效能认识的继续和深化。拜格诺考虑到空气的密度为沙粒密度的 1/2000，所以"如果气体要使静止的颗粒获得和流体相同的速度，则在空气中必须损失体积等于颗粒体积 2000 倍的空气的动量"。而一颗高速运动的跃移颗粒的冲击"可以推动 6 倍于它直径或 200 多倍于它重量的表层颗粒"。两相对比，他的结论是：占沙粒移动总量的 95% 以上的跃移沙和蠕移沙都是由跃移质的冲击而起动的。从此流体起动效能在许多人看来变得无足轻重。基于这种认识，拜氏把混合沙输沙率增大归结为跃移质的冲击和反跳，还由此引出沙纹弹道成因理论。近年出现的连续跃移（successive saltation）假说，以风沙流达到稳定状态时碰撞地表的跃移颗粒反弹（rebound）且继续跃移作为该理论的基本点，认为"颗粒不断地从床面跳起，又不断地落到床面上，对于定常的、充分发展的流动，……每个地表颗粒平均撞击出一个颗粒"。这些都是以冲击起动学说为依据对风沙运动表象做出的解释。可见沙粒起动不仅仅是一个具体的实际问题，也是关乎风沙运动全局的一个理论问题。

沙粒两种起动效能之比是否为 19∶1（95%∶5%），地表沙粒连续运动是否由沙粒以跃移一种运动方式所构成？跃移质能否连续跃移，连续跃移的条件是什么？以及进行冲击的跃移质与被起动的跃移沙粒在数量上是否相等且保持一一对接关系等，对于这些久存争议的问题，作者有自己不同的看法，特此进行讨论，向专家学者讨教。

二、沙粒两种起动的定性分析

流体起动和跃移质冲击起动虽然对沙粒来说都是起动，但对地表蚀积、对沙粒的分选却有着不同的反应，从而构成了两种起动的各自特性。这些特性直接关系到地表风成基面的重建和沙床粒配的重组，由此也就构成了沙粒两种起动的不同性质，对它不可不予以研究。

1. 沙粒两种起动不同性质的界定

流体起动的特点是沙粒起动与地表风蚀同步。气流每起动一颗沙粒，沙粒驻足的地表就输出一颗沙粒，因而就出现一颗沙粒的蚀量。流体起动的沙粒越多，地表吹蚀就越深。因而我们称流体起动为风蚀性起动。而跃移质冲击起动则不同，在冲击时跃移质落点处先有沙粒的输入而后才有输出。输出与输入属于置换关系，故称跃移质冲击起动为置换性起动。如令置换率为 n，主动冲击的跃移质的数量为 A，被冲击起动的沙粒数量为 B，依定义则 $n = B/A$。地表能否出现风蚀，如果仅仅就跃移质冲击一种起动而论，按第一章所指出的沙地蚀积原理，当 $n = 1$ 时 $A = B$，表明沙粒出与入数量相等，此时地表基本不出现侵蚀。如果置换率 $n > 1$，则 $B > A$，说明沙粒出大于入，地表出现侵蚀。同理，如果 $n < 1$ 则地表非但不能侵蚀反而出现堆积。在风沙运动中鉴于以上三种情况都客观存在，由此我们判定跃移质冲击起动不完全与地表吹蚀同步。

2. 沙粒两种起动的不同分选性能

沙粒两种起动的另一不同特性是它们的分选性能不同。

表 2-1 给出了沙丘和沙纹的粒配变化。数据表明，在迎风坡下部径级 0.5~2.0mm 的沙粒占 75%，在中部径级 0.4~2.0mm 的沙粒降至 32.7%，到了顶部几乎只有径级 <0.25mm 的沙粒。这些变化数据说明，沙丘和沙纹在前移时伴生着沙粒的分选。由于沙粒的运动是由起动和输移两部分（或两阶段）所构成，所以沙粒的分选可分为起动分选和

表 2-1 沙丘和沙纹不同部位粒配状况变化表

采样编号	采样的沙丘部位	沙纹的大小		沙纹不同部位粒配状况（%）	
		波长/cm	波高/cm	波峰处沙粒粒径/mm	波谷处沙粒粒径/mm
1	迎风坡下部	95	9	粒径 <0.5（25%） 粒径 0.5~2.0（75%）	粒径 <0.5（59%） 粒径 0.5~2.0（41%）
2	迎风坡中部	40	4	粒径 <0.4（67.3%） 粒径 0.4~2.0（32.7%）	粒径 <0.4（92.3%） 粒径 0.4~2.0（7.7%）
3	迎风坡上部	10	微痕	粒径 <0.25（99%） 粒径 0.25~0.4（1%）	

输移分选。起动是输移的先导，无起动则无输移。所以起动分选是输移分选的先决条件。在这一重要环节上，沙粒的两种起动各具不同的分选性能。

由于不同径级的沙粒具有不同的流体起动值，而且在粒径 > 0.1mm 时该值与粒径的平方根成正比，所以在混合沙床上小径级沙粒优先被风起动。也就是说，风是一种天然有效的分选介质，它能避粗就细，"专拣弱的打"，具有主动分异性。而跃移质冲击则没有主动选择性，它不能避粗就细"专拣弱的打"，而是随机碰撞，"遇着谁打谁"，具有随机分异性。因此它的分选机率远小于流体起动。

3. 混合沙对沙粒两种起动的不同反应

两种起动的上述不同特性，在混合沙床上表现出互不相同的结果。如前节所述，混合沙床的特点是粗细沙粒相间排列。当起沙风吹来时，首先由粗沙粒造成风力集中，使细沙优先获得起动。细沙走后，粗沙暴露于外扩大了与风的接触面积。所以在混合沙床上不仅细沙能超前起动，粗沙也能超前起动，最终输沙率得以增大。重复地说，由于湍流的隙向性，流体起动可使粗细沙粒相互拆离，彼此为对方起动创造条件。然而混合沙粒这种粗细相间的排列对跃移质冲击却表现出截然不同的反应。跃移质在冲击中无论击中细沙粒或粗沙粒，在此一对一的情况下，被击中的细沙粒或粗沙粒都有可能起动。但也存在着另一种表现，即细沙由于受到前后粗沙的挡护、粗沙由于受到周围细沙的簇拥而都不易起动。如果当冲击点落到粗细沙粒之间时，则冲击力被一分为二，起动效能也受到减弱。换言之，混合沙遇到跃移质冲击时，粗细沙粒不是互相拆离彼此为对方起动创造条件，而是相互庇护共同抵御冲击，降低其起动机率。在混合沙床上跃移质反跳数量增多是冲击起动受到抵制的一个印证，而混合沙输沙率增大则为流体的伺隙拆离性能作了脚注。

三、沙粒两种起动的关系

1. 沙粒两种起动效能的评估

沙粒的两种起动既然各具不同的特性，且各自与其起动效能联系在一起。所以在探索沙粒两种起动关系时从讨论它们的起动效果入手可能会便捷些。

在风沙运动中，沙粒起起落落，停走交织，究竟有多少沙粒是由跃移质冲击起动的？又有多少沙粒是由气流直接起动的？二者的比例如何？由于尚未找到合适的观测手段，不仅无法一一历数，就是评估至今仍存在很大难度。不过中国科学院沙漠研究所李长治、董光荣等于1985年通过土壤风蚀风洞实验得出，夹沙风对粉沙质壤土的风蚀量为净风风蚀量的4.36～5.24倍（朱震达等，1989）。据此如果将二者风蚀量之比大体定为5:1，扣除夹沙风中流体起动量之后，则跃移质冲击起动效能与流体起动效能之比可定为4:1，即(5-1):1。应该说用风洞对比法测出的比值较之拜氏用物理计算法得出的19:1已相当贴近实际。但我们认为仍然略有偏高。譬如推车：一人推、车子不动；二人推时车子起动前移。但谁都不会因为前一个人没有推动而简单地把车子起动前移只归功于后来者一人。与此有某种相似的是净风时虽则多数表层沙粒，由于在当时不足以克服地表摩擦阻力因而未能达到起动，但它们却处于不同程度的准动状态，已经有了前进的"预应力"，得到程度不同的"活化"，可谓跃跃欲试，一旦遇到外力，便可立即起动。所以我们认为夹沙风风蚀量增大，气流的"预应力"也是一个因素。此外夹沙风中跃移质冲击造成的微起伏地形有助于流体起动也是促成风蚀量增大的一个不容忽视的因素。因此二者的比值应小于4:1。如再考虑饱和流动和过饱和流动时冲击起动置换率的衰减，两种起动效能之比很可能降低到3:1，甚至更低。

1977年凌裕泉、吴正采用高速电影摄影机记录了1.5mm石英沙在风洞中的运动过程。他们发现当平均风速接近沙粒的起动值时，出现不稳定的沙粒，而且首先表现为振动；当风速达到起动值时，振动加强，在有利的位置条件下，骤然向上起跳。其运动轨迹具有特殊的抛物线状。沙粒可以以各种角度向上起跳，但以30°～50°为多，其次为60°～80°，降落角总是保持在10°～30°之间（董治宝，2005）。两位学者从接近起沙风速到达到起沙风速，详细地叙述了气流对沙粒的直接起动过程以及起动后沙粒跃移的多种运行轨迹。这对我们深入研究沙粒两种起动关系是有教益的。从中可以看出，首批跃移沙粒是由风力直接起动的，并未受到已动沙粒的碰撞。在接近起沙风时"出现不稳定沙粒"和后来出现的动而不移的"振动"都是促成沙粒前移或起跳的"预应力"。

2. 影响跃移质冲击起动效能的因子

在沙质地表上影响跃移质冲击起动效能的除气流的流速外，以下三个方面都是重要因素：

（1）跃移质自身的起跳质量。起跳角大、起跳高、飞程远，获取的动量就多，落地时冲击力就大。反之就小。

（2）被冲击沙粒的粒级、沙粒的球度、沙粒之间的相互镶嵌状况或松散程度、沙粒的受力角度以及其他微地形条件。

（3）风沙流的运动状态。沙粒跃移本是气流搬运沙粒的一种表现形式。当气流处于非饱流搬运状态时，跃移质可获取足够的动量，冲击地表起动沙粒，此时置换率 $n > 1$。当气流处于饱流状态时，搬运处于满负荷状态，有部分跃移质不能获取足够的动量。因此它的冲击起动效能衰减，此时置换率由 $n > 1$ 向 $n = 1$ 过渡；当气流处于过饱和、超载状态时，多数跃移质不能起动沙粒，直接导致地表出现堆积时，置换率已由 $n = 1$ 过渡到 $n < 1$。

以上第一点为主动冲击一方，第二点为承受冲击一方，第三点为流场环境。在风速一定条件下，在评估沙质下垫面上跃移质冲击起动效能和判断沙粒能否连续跃移时，对这三方面所涵盖的诸多因素必须予以综合考虑。做到具体问题具体分析，而不能笼统地一概而论。

3. 判断沙粒两种起动关系的新方法

以沙粒起动为发端的风沙运动，尽管影响因子很多，千变万化，但最终反应到地表变化上只有两点：一是地表的吹蚀和堆积，二是地表颗粒的分选和粒配的重组。因此当我们查明沙粒两种起动特性以及这些特性对沙地地表所起的不同作用之后，我们再评估沙粒的两种起动的各自效能时，就有了新的依据，而不必局限于只考虑密度比和冲击能量的大小，或者孤立地就起动论起动，就冲击论冲击。我们可以把两种起动效能同沙粒分选、同地表粒配粗化以及地表的蚀积联系起来，通过地表的变化再反馈到沙粒的两种起动上，做到因与果的统一，我们认为这不失为一种可行的科学方法。

4. 风蚀是沙粒两种起动优势互补相互促进的结果

根据这一思路，我们在前节分析了两种起动的特性。现再以民勤治沙站区高 3m、迎风坡长 33m 的新月形沙丘为例，通过用标杆法测得迎风坡的蚀积数据(表2－2)，将因与果作一分析比较。

表2－2　单个新月形沙丘在前移中迎风坡的蚀积状况 *

标　杆　号	1	2	3	4	5	6	7	8	9
蚀积量/cm	0.0	－9.5	－12.5	－15.0	－14.5	－13.0	－11.0	－10.5	－9.0
标　杆　号	10	11	12	13	14	15	16	17	
蚀积量/cm	－7.3	－6.8	－2.5	＋3.0	＋5.5	＋8.0	＋9.5	＋14.0	

＊1. "－"为吹蚀，"＋"为堆积；

　2. 标杆自下而上排列，间距为2m；

　3. 每次测后重新调整标杆位置，保持1号标杆始终处于沙丘起点。

观测数据表明，沙丘在前移中迎风坡下部为吹蚀区，上部为堆积区。我们的问题是，吹蚀区的沙粒输出是不是95%以上由跃移质冲击起动的？如果说冲击有如此大的起动效能，为什么顶部又出现堆积？回答这些问题还需要调查沙床表面的粒配变化，看看沙粒的分选状况。表2－1给出了沙粒粒配变化的数据。前已述及，沙粒分选和地表粒配粗化主要是流体起动的结果，单靠跃移质冲击，位于表层粗沙粒基部的细沙是不能起动的。所以从表2－1所列的沙丘不同部位的粒配重组数据也就看出，流体起动对沙地风蚀所起的作用绝非无足轻重，而是十分重要。

在野外，就风沙运动的全程，或者就某一地段而言，总是先有起沙风而后才有风沙流，才有颗粒跃移。这说明气流能够直接起动沙粒使其达到跃移。尤其微起伏地形有助于风力集中促成沙粒跃移。这是流体起动帮助跃移质冲击起动的方面。本章第一节第二款混合沙输沙率增大室外试验分析已经证实了这个结论。

在肯定流体起动的同时，我们也不否认跃移质冲击对地表风蚀所起的积极作用。这包括两个方面：一是冲击可以直接起动一部分沙粒，直接造成地表侵蚀。而且在气流含沙量不饱和状态下冲击起动效能不止于一一对接关系，被起动的沙粒有的跃移，有的蠕移。其置换率 n 要大于1，否则对地表构不成侵蚀。二是冲击使地表有更多的沙粒受到扰动。冲击可在沙质地表上打出无数小的洞穴或马蹄形浅坑，使击点周围沙粒产生不同程度的"四溅"。而受到冲击的沙粒有的就地被夯实下沉，有的就地隆起升移。如此一升一降构成微地形起伏。扰动使跃移质的冲击能量绝大部分消耗于沙粒的相互碾研、相互摩擦和倒角倒棱上。据伊万诺夫(1972)研究"降落的跃移质沙粒约有67%的能量将消耗于风蚀,即破坏沙表面"。风成沙一般没有尖锐的棱角,磨圆度好于水成沙,以及常伴有碟形坑等,都可作为这一论点的佐证。

需要指出的是,冲击扰动虽然对地表沙粒的输移所起的直接作用不大,因为受到扰动的沙粒绝大部分基本上没有离开原地。但扰动所造成的微地形的变化为流体起动创造了条件。沙粒流体起动机理的研究告诉我们,混合沙粗细沙粒相间排列所构成的微地形形态尚能促成风力集中,降低沙粒的流体起动值,更何况再小的洞穴或马蹄形浅坑其起伏尺度都远大于粒径数倍。这些就是跃移质冲击起动帮助流体起动的方面。

以上两方面分析表明,两种起动彼此可以互助。沙丘迎风坡吹蚀区的形成是沙粒两种起动优势互补、彼此促进的结果,而不是跃移质冲击单一起动的结果。

四、沙粒的跃移问题

1. 沙粒跃移的双重性

然而跃移质冲击或直接或间接促成地表侵蚀,这只是跃移质属性的一个方面,它还有另一面。那就是跃移质是风能的"耗能大户"。"对于气流中的沙粒来说,每颗沙粒起跳一次时所取出的动量,等于把2000倍于颗粒体积的空气完全停止下来所放出的动量,对风起了一种特殊的阻力","如果跃移质接近饱和,阻力限制了风速,细粒材料将在波谷中沉积下来"(拜格诺,1941)。拜氏还谈到跃移颗粒在运行过程中迅速旋转。伊万诺夫(1972)通过风洞拍摄到,径级大于0.2mm的沙粒,其旋转速度为100~600r/s,而0.15~0.20mm的小径级沙粒旋转相对较快,达到400~1000r/s。由于旋转形成小的气流涡动向周围扩散,因而对风有一种特殊的阻力。沙粒跃移对流场的这种阻滞作用越靠近床面越趋强烈,以致风速分布在接近床面时不再遵循半对数直线关系(钱宁等,1983;董飞等,1995)。在有限的0~100cm,尤其0~20cm贴地高度层内,气流的能量是有限的。他们的研究足可证明,随着跃移质数量增多阻力将限制风速,势必引起风能供不应求。从而既影响跃移质本身的飞行距离和冲击强度,同时也使得气流用于流体起动的分量变得越来越小，严重阻滞了流体起动，最后导致出现沉积。这就是沙粒跃移的双重性。

跃移质既有促进流体起动的一面，也有阻滞流体起动的一面，而界定其性能的数量标准当为气流含沙饱和度。诚然，地表出现积沙在许多情况下与整个流场风速转弱有密切联系。但在同一沙丘迎风坡所出现的上部堆积，并非由于风速转弱，相反上部风速随丘身增高而呈线性增大（哈斯、董光荣等，1999）。显然沙丘上部堆积是丘身增高造成贴地气流受到压缩、上升分速减弱，直接导致跃移质流通密度增大使含沙量达到饱和或过饱和而造成的。如果我们不是这样看待丘顶出现堆积的原因，看不到跃移质对流体起动的阻滞作用，而一味强调它的冲击起动性能，我们就无法解释民勤站"固身削顶"的治沙原理。

由沙粒跃移具有双重性而进一步确认沙粒两种起动具有兴衰与共关系是本书构建风沙运动理论体系的重要论点之一，也是本书构筑风沙运动辩证图以链条形式反映沙地蚀积轮回的依据。

2. 关于沙粒运动的连续性问题

风沙流中的沙粒主要以蠕移、跃移和悬移三种方式参与运动。只要风沙流的运动存在，沙粒的运动就不停止。从这个总体意义上说，沙粒的运动是连续的。这个连续是以沙粒两种起动共存为条件，表现在三种运动沙粒的交织上。这是沙粒总体运动的连续性，而不是某一颗沙粒跃移的连续性。至于以跃移形式运动的跃移粒子，说它能像接力赛那样一一对接且保持连续跃移，这在气流含沙量非饱和地段由于总体置换率 $n > 1$，所以有少部分沙粒存在着这种可能性，但是由于受本节第三款（见第48页）所列诸多因子的影响，它的冲击起动强度往往是再而衰三而竭，连续跃移动量传递很难超过3次，不可能一直持续不断。这一点高有广的风洞沙粒碰撞起跳照片可提供证明（见参考文献第27）。而在气流含沙量饱和或过饱和地段，由于冲击起动强度衰减，总体置换率 $n < 1$，所以一对一地连续跃移的机率很小。我们说吹蚀区跃移质冲击起动的置换率 $n > 1$，说堆积区跃移质冲击起动置换率 $n < 1$，不等于可将二者相加从而得出跃移质"平均撞击出一个颗粒"。在这个问题上不能讲平均，就像不能将风积地形和风蚀地形加在一起平均后等于平地一样，因为它们发生在不同的地点，将二者平均没有意义。

五、结束语

（1）沙粒流体起动和跃移质冲击起动都是以风为动力源的两种不同性质的起动。流体起动为风蚀性起动，与地表吹蚀同步，且具有主动分选性；而跃移质冲击起动为置换性起动，它不完全与地表风蚀同步，且只有随机分选性。沙粒两种起动的这些特性在风沙运动中直接影响沙地地表的蚀积、沙粒的分选和表层粒配的粗化，因而对沙地风成基面的重建起着十分重要的作用。而沙地地表的这些变化反过来为我们判断沙粒两种起动效能和两种起动关系提供了依据。

（2）风沙流是气固二相流。这一组成成分，决定沙粒两种起动共寓于风沙流同一体中。同时通过沙地地表的演化我们发现，两种起动具有兴衰与共的不可分割关系。即在风沙流处于非饱流状态下，二者表现为优势互补，共同促进地表吹蚀；而在饱流或过饱流状态下，二者则转化为互相制约，导致地表出现堆积。

（3）沙粒跃移具有双重性。跃移质有其冲击地表的一面，但也有其大量消耗风能的一面。前一属性可与流体起动互助；而后一属性则与流体起动争"能"。物极必反，决定沙粒跃移两种性能向哪一方面发展的极是气流含沙饱和度。气流含沙饱和度是沙地蚀积调节的杠杆。

（4）沙丘在前移中表现出来的迎风坡下部吹蚀和上部堆积都是 $n \neq 1$ 的表现，从而也就证明，沙粒跃移在总体上不存在一一对接的跃移连续性。在风沙运动中，影响跃移质冲击起动的因子很多，所以对它的起动效能不宜估计过高。而地形因素和跃移质冲击对地表的扰动作用以及混合沙粗沙粒大间隙排列等都有助于流体起动，所以对流体起动效能不可估计过低。根据沙粒两种起动特性和它们各自对地表变化的影响以及国内实验观测，我们把跃移质冲击起动效能与流体起动效能之比由传统的 19∶1 初步判定为 4∶1，乃至 3∶1 以下。

（5）人类对沙粒起动的认识，发展到今天大致可划分为三个阶段：起初是单一的流体起动阶段；二是以跃移质冲击起动为绝对主导的沙粒两种起动阶段，在这一阶段，流体起动被视为无足轻重；三是沙粒两种起动兴衰与共阶段，基于沙粒跃移的双重性，沙粒两种起动有时可以互相促进，有时则又互相制约。

第三节　沙粒单体和群体两种移动类型的划分、沙纹的本质属性和新月形沙丘的前移机理问题

一、沙粒单体和群体两种移动类型的划分问题

为了研究和工作上的方便，早在 1961 年作者主张将沙粒移动划分为单体移动和群体移动两大类型[①]。人们在起沙风速下在平坦的沙质地表上见到的以蠕移、跃移和悬移等方式出现的沙粒运动属于沙粒的个体运动行为，称之为沙粒的单体移动。这些沙粒的移动都是随气流前进的，因而那时（1961）认为风沙流是沙粒单体移动的集中表现，曾将风沙流划归单体运动范畴。与风沙流运动不同，沙丘和沙纹的移动是以沙积物运动形式出现的，它们属于沙粒的群体移动类型。沙粒群体移动都是由无数沙粒的单体移动所构成，因而当沙纹和沙丘做群体前移时，在它们的表面既能见到风沙流又能见到沙粒以蠕、跃、悬等方式进行移动，但这些沙粒的移动都受沙积物形体的制约，与没有形体的风沙流运动存在着质的区别。由于沙粒运动存在着这些区别，所以人们在治沙研究和生产实践上早已区别对待。如对沙粒单体移动的研究多着眼于沙粒的起动机理、跃移轨迹、运行距离、跃移质的冲击强度等；对于风沙流则研究气流输沙率和风沙流结构等；而对沙丘等沙粒群体移动的研究则多探讨它的整体形态特征、它的形成原因和演变过程、整体移动方式和移速以及它的发展态势等。看来实践早已走在前面。

在湍流运动中，由大小不同尺度的分子团组成的旋涡对沙床表面进行接触时，旋涡不是以点而是以面对沙粒进行接触。所以在风沙运动中从不存在一两个沙粒孤立运动。风沙流向来是多个单体沙粒运动的组合体。所以拜读 2003 年出版的《风沙地貌与治沙工程学》之后，我们同意吴正教授将风沙流列入沙粒群体移动范畴。现在的问题是，将风沙流划为沙粒群体移动类型之后，同沙丘移动所称谓的沙粒群体移动类型相重

---

① 孙显科：《沙粒及沙纹的运动规律》，民勤治沙综合试验站对外交换资料（油印本），1961。

叠。用一个名词代表既有相同共性又有不同个性的两种事物，这是个矛盾。对于这个矛盾一种解决办法是划分到风沙流为止，对沙丘移动避而不谈，采取剥离态度。另一种办法是再向前推进一步。著者主张正视二者的异同之点，决定采用两级分类解决这一矛盾。即在承认风沙流和沙丘这两种运动同属于沙粒群体移动范畴的同时，再根据二者的不同之点再划分出亚类。以风沙流形式运动的沙粒起落皆无定所，走与停杂乱无章，随机而动，随处可停，没有严整的组织形式，各沙粒之间没有明显的内在联系，因而状若乌合之众。而沙纹和沙丘的移动，乃至沙垄和各类复合型沙丘群的移动，它们是以沙积物的形体为运动单元，前后、上下、左右各部位组成一个统一的整体，各部位之间互有联系。这些沙积物一般都有迎风坡和背风坡之分。迎风坡主要是沙粒起动和前移之所，上风侧来沙落到此处，不能久留。而背风侧是沙粒停止运移的地方。这样就使沙粒在沙积物上的运动变得走停皆有定所。除此以外，粗沙富集于沙纹的波峰或沙丘迎风坡的下部，而细沙多存在于沙纹的波谷或沙丘的顶部(详见表2－1)。沙粒这种走停皆有定所和有规律的粒配分布说明，沙粒在前移中由于近地面气流受沙积物形体的影响，比平地上风沙流运动更加有序。有鉴于此著者将风沙流运动界定为沙粒群体无序移动，而将沙纹、沙丘移动界定为沙粒群体有序移动。沙粒单体移动、沙粒群体无序移动和沙粒群体有序移动，三种移动环环相扣，缺一不可。没有沙粒单体运动就没有风沙流，而没有沙粒单体运动和风沙流运动沙丘也就无法前移。三者构成风沙运动的有机整体，其中沙粒单体运动是基础，而沙粒群体有序移动则是风沙运动发展的最高阶段。据此，沙粒移动类型最终划分见表2－3。

表2－3 沙粒移动类型分类表

一级分类	二级分类	表现形式
沙粒单体移动	蠕移、跃移、悬移	蠕移、跃移、悬移等
沙粒群体移动	群体无序移动	风沙流运动
	群体有序移动	沙纹和各种沙丘移动

二、关于沙纹本质属性的探索

R·A·拜格诺认为，"沙纹一词说明一种波长决定于风的强度、并且历久不变的地表形状；至于那些波长可以随着时间而无限增大的其他形状，则称为沙脊"。根据这一立论国内外学者有的不以为然，但多数把沙纹和沙脊相区别，有人认为沙纹波长多在 25cm 以内，也有人认为沙脊波长一般可超过 50cm。他们的共同点是都赞成以波长的大小作为区分沙纹与沙脊的标准，只是分界线一个定为 25cm，另一个定为 50cm 而已。

作者认为，沙纹波长大小仅是沙纹外在属性的一个方面。而沙纹的本质属性在于它运动的内涵，在于它在风沙运动中所起的作用和所处的地位。即使这外在属性，沙纹的波长也不仅仅取决于风的强度，更主要的取决于构成沙纹的沙粒径级和粒配。诚然在粒径单一的试验条件下，沙纹的波长决定于风的强度，形态可能历久不变。但在野外天然混合沙中完全是另一种表现。在同一地区风速相差不大，但由粗沙组成的沙纹波长明显比细沙要大（详见表 2－1）。当沙纹前移时由于伴生着沙粒分选和粒配的粗化，因而它的波长不可能历久不变，而是随着时间的推移，波长和身段都在逐渐增大。此外在风向变化时，它的形态更是迅速随之变化。因此拜氏这一立论值得商榷。

前已述及，沙纹出现之前，沙粒移动杂乱无章，走停皆无定所。沙纹出现之后，举凡位于迎风面上的沙粒，不管是原有的，还是新由上风侧输入的，都处于起动和准动状态。沙纹的背风侧也像沙丘的背风侧一样，有一个风荫区，存在着弱的反向回旋涡流。受它的影响当我们将干瘪的秕谷粒放在沙纹的波谷时，靠近背风坡一侧的秕粒不是随气流前移，而是向上风侧往回滚动，向背风坡底部靠拢。这说明沉降到背风侧底部的细沙粒不再外移，而是沉积在那里或向其底部靠拢。沙纹在前移中，迎风面上的沙粒按径级进行分选，细沙跃起、远移，粗沙沿迎风坡面向上滚动，聚集于波峰。当沙纹向前移动时，这些粗沙借助重力作用，从背风坡顶峰滚下，压埋沉积在风荫区的细沙上。随着沙纹滚动前移，又有新的细沙在风荫区沉积于其近前。这样，一层细、一层粗，细者沉积，粗者在前移中进行压埋，于是形成了沙丘的层理结构。从沙粒走停皆有定所和沙粒粒配沿坡面进行重组的事实中我们了解到，沙纹是沙粒群体有序移动的最小组合单元。从沙丘层理结构的形成中我们了解到沙丘的移动是以沙纹移动为基础，后浪推前浪，通过沙纹有序的蚀积转化来完成的。

沙纹移动是沙丘移动的有机组成部分，沙纹是沙粒群体有序移动和沙粒进行分选的最小独立单元。这就是沙纹的本质属性。沙纹的另一属性在于，它是近地面气流层中最下部紧贴地面的含沙气流与沙床相互作用的产物。沙纹使风沙流与沙床表面之间摩阻和形阻都达到最小值。受此种最低的、由地面算起厚度约 30～80cm 的含沙气流层尺度的制约，沙纹只能是沙粒群体有序移动的最小独立单元，而永远不会发展成沙丘。明确沙纹的这两个本质属性有助于对沙积物地貌类型的划分，也许能为人们争论的在沙纹与沙丘之间，要不要划分出一个沙脊提供一个理论依据。

作者的看法是，不以波长的大小来判断沙波是沙纹还是沙脊。而应根据沙纹的这一定义，在"沙脊"的迎风坡表面如果存在着沙纹，说明"沙脊"本身不是沙粒群体有序移动的最小组合体，因而我们有理由把它定为小型沙垅或准态沙垅，当属于沙丘之列。反之如果因地表原始沉积颗粒较粗，以致"波长可以随时间而无限增大"的这类"沙脊"，尽管形体很大，但由于其表面不存在沙纹，说明它也是沙粒群体有序移动的最小独立单元，因而当属沙纹之列。这就是说，沙波表面有无叠加形态是判定其属性的一个关键。当然此外通过粗细沙的分布部位也可作为判断的辅助证明。在民勤见到的波长在 1m 以上的沙波，它的表面没有沙纹，粗沙聚集在波峰，因此它是大型沙纹，而不属于沙丘或小型沙垅之列。我国的治沙实践证明，在同一沙丘上很难找出一条界线，由此向下风区为沙纹分布区，而由此往上风区为沙脊分布区。在风沙运动中，今天的小沙丘，经过若干年发展成大沙丘，受沙粒分选的影响，大沙丘迎风坡下部沙粒粗化，沙纹波长也随之增大。如果按波长大小人为地把它们区分为沙纹和沙脊，则容易模糊它们共有的本质属性，进而割裂大小沙纹之间发展演变的内在联系。因此我们认为没有附加形态的小尺度地貌仅用"沙纹"一词就够了，不管在平坦地表还是在沙丘上都不甚赞同把大小沙纹相区分、相割裂的那种划分方法。

三、新月形沙丘的前移机理

以主风向单一地区新月形沙丘的前移为例，探索沙丘的前移机理。通过表 2-2 列出的观测数据我们了解到，沙丘的前移并不是简单的水平位移。诚然，水平位移是需要了解的，如果我们不掌握某一高度的沙丘年移速是多少米，不了解 M·Π·彼得洛夫在《流沙的固定》一书中说的它是直线前移还是往复摆动前移等基本情况以及它与风况的关系，就无法进行治沙工程设计。但这还不够，还必须了解沙丘的前移机理，了解沙丘到底是如何前移的。做到不仅知其然，还知其所以然。

沙丘的前移机理类似人之走路。人之所以能由甲地走到乙地，是双足不断停走交替的结果。古人说的"不止不行"揭示了走路的机理。这个机理表现在沙丘的前移上就是吹蚀与堆积的相互交替；蚀就是走，积就是停。研究还表明，沙丘的前移是以沙纹前移为基础，通过沙纹蚀积转化来完成的。表 2−2 蚀积数据和表 2−1 沙粒分选告诉我们，沙丘的前移机理是由蚀下积上（或称蚀旧积新）沙粒交错换位、顺（背风）坡下滑和相对位移这三个环节进行翻滚而构成的。这三个环节一环紧扣一环，没有蚀下积上，便没有沙粒交错换位和顺坡下滑；而没有蚀下积上交错换位和顺坡下滑，便没有沙丘的翻滚前移，因而也就没有相对位移。图 2−2 以虚拟箭头表示因堆积被埋而处于静止的沙粒在沙丘前移中具有"不进则退"的相对关系。为了进一步说清翻滚前移表现，我们不妨将沙丘前移同车轮滚动前移做一对比。当车轮向前滚动时，它的上半部向前移动，而它的下半部却是往后退。这后退便是相对运动。一进一退在车轮上相辅相成构成向前滚动。如果只有向前没有相对后退，便无法构成滚动。所以在图 2−2 中必须标示出相对位移。但应指出，滚动的参考系是运动物体的自身，而前移的参考系则是地面。

风向

图 2−2　沙丘翻滚前移中沙粒绝对运动和相对运动示意图
（参照陈林芳《荒漠地貌》(1981)沙丘前移图；孙显科改绘）

以上只是新月形沙丘翻滚前移同车轮滚动前移的共同点，但二者还有不同点。它们的不同点在于构成车轮的各质点（或另件）所处的相对位置都是固定不变的，因此它们之间不存在相互错位，相对于地面而言，各质点始终随车轮同时前移。而构成沙丘的各个沙粒，它们的相对位置不是固定的，而是可以调换的。在沙丘前移过程中，除迎风坡表面的绝大多数沙粒有机会前移外，其余的沙粒全部止步不前，就地待命。这样有走有停，才出现沙粒交错换位，构成翻滚前移。以上一个滚中有翻，表现为由沙粒交错换位进而构成风蚀区和堆积区、迎风坡和背风坡都能交错换位；另一个只滚不翻，质点相对位置不变。车轮不同部位的质点，其空中运行轨迹不同，但它们的水平移距相一致。这便是沙丘前移与车轮前移的不同之处。重复地说：风沙运动本是表面现象，但翻滚前移的机理却能改变这种现状，使得构成沙丘的所有沙粒，前后之间、上下之间、表里之间都能交互换位，长期经受压埋的沙粒才有机会暴露于沙丘表面，重新获得起动、前移，再次重新经受粒径分选。据 C. Вейсов 计算，"在新月形沙丘迎风面一颗沙粒的前移时间比它受压埋处于不动状态的时间要小几万倍"。大沙丘比小沙丘移动慢得多的原因除体积大沙粒数量多以及它的形体阻力远大于小沙丘而外，这种蚀下积上、交错换位、翻滚前移的机理也是一个重要原因。在同一地区大沙丘同小沙丘相比，它的迎风坡基部的颗粒径级大、粗沙数量也多，应是沙粒交错换位在翻滚前移中沙粒分选良好的有力证明。

第四节　　风成沙地地形 1/10 定律

在干旱沙漠地区，沙丘形态多种多样。根据国内外研究，概括起来主要有：新月形沙丘、新月形沙丘链、抛物线形沙丘、横向沙垄、纵向沙垄、格状沙丘、穹状沙丘、羽毛状沙丘、金字塔形沙丘以及复合型沙山等。沙丘名称不同表明沙丘形态不同，沙丘形态不同说明这些沙丘之间存在着差异性。国内外学者多是根据形态上的差异作为切入点，对沙丘进行分类，进而对不同类型沙丘形成的空气动力学、气流场特征和沙丘运动规律等进行大量有益的研究。由是得知沙积物形态不同是因为各地区风况不同、沙源不一、局地地形条件以及植被盖度和水文地质条件等差异所造成。这些结论为我们治沙提供了科学依据。

本节在前人研究成果的基础上，调换角度以不同沙积物形态的共性——同一性作为切入点，就风成沙地地表形态的共同特征及其形成的原因作一研究，以期找出一个带有普遍性的共同规律。

一、沙地地表形态同一性的调查

风沙地貌的研究表明，在同一地区沙丘形态、尺度大小和排列阵形等有重现性，间距十分规整、分布均匀（朱震达、吴正等，1980）。尤其高大沙丘，一般具有多级嵌套的自相似结构（屈建军、常学礼、董光荣等，2003）。从航测照片上看沙垄和沙丘链竟与比它小 $10^3 \sim 10^4$ 倍的沙纹十分相像（贺大良，1987）。这里提到的重现性、规整性、均匀性、自相似结构、大小地形十分相像等，都是沙积物的同一性的表现。这些同一性不禁令人追想，在不同尺度沙积物之间乃至沙积物不同类型之间，究竟存在着什么样的内在联系，是什么共同因素在发挥着作用。为了揭开这个谜底，我们首先调查了各类风积地形的高度与顺风向长度之比（Kg），也调查了部分风蚀地形深度与顺风向长度之比（Ks）。

1. 地表形态调查

调查数据见表 2 - 4。

表 2 - 4　风积沙地地形高长比和风蚀沙地地形深长比调查表*

序号	沙地地形名称	高度或深度	顺风向长度	高长比或深长比（K）	备注
1	沙纹	0.5~1.0cm	波长 7.5~15cm	0.067	美国加州根据夏普，转引自吴正，1987
2	沙纹	1~1.5cm	波长 12~24.5cm	0.083~0.061	甘肃民勤
3	沙脊	2.5~13cm	波长 25~250cm	0.1~0.052	美国加州凯尔索沙丘，根据夏普，转引自吴正，1987
4	沙脊	60cm	波长 20m	0.03	利比亚，根据拜格诺，1941
5	砾纹（砾石直径 1~2cm）	5~7m	波长 70m	0.071~0.1	新疆古尔图河东岸，根据陈志平，转引自吴正，1987
6	饼状沙丘	1.3m	28m	0.046	甘肃民勤
7	新月形沙丘	3m	37m	0.081	甘肃民勤
8	新月形沙丘	9.8m	165m	0.059	青海高原砂砾质戈壁，根据张春来等，1999
9	复合型沙垄（表面覆有次生沙丘链）	50~80m	0.5~1Km	0.1~0.08	塔克拉玛干沙漠中部，皮山以北培尔库姆等地，根据吴正，1987
10	复合型纵向沙垄	50~80m	0.5~1Km	0.1~0.08	塔克拉玛干沙漠西部及中部，根据朱震达等，1980

（续）

序号	沙地地形名称		高度或深度	顺风向长度	高长比或深长比（K）	备注
11	复合新月形沙丘和复合型沙丘链		50～100m	0.3～0.8Km	0.17～0.125	塔克拉玛干沙漠内部，根据吴正，1987
12	复合型沙丘链		200～300m	1～3Km	0.2～0.1	巴丹吉林沙漠中部，根据谭见安，转引自吴正，1987
13	巨大复合型沙垄		100m	1～2Km	0.1～0.05	阿拉伯半岛鲁卜哈利沙漠，根据佩蒂约翰等，转引自吴正，1987
14	复合型星链状沙山		300～465m 平均309m	平均波长4000（参见图2-3）	平均0.077	巴丹吉林沙漠高大沙山典型区，根据屈建军等，2003
15	穹状沙丘（丘体上叠有密集沙丘链）		30～50m	200～500m	0.15～0.1	乌兰布和沙漠南部，根据朱震达等，1980
16	垅状复合型沙山		100～200m	1～1.5Km	0.1～0.133	塔克拉玛干沙漠东部，根据朱震达等，1980
17	格状沙丘	主梁	7～20m	平均距离88m	0.08～0.22	腾格里沙漠东南缘沙坡头地区，根据甄计国，1987
		副梁	3～5m	平均距离30m	0.1～0.17	
18	格状沙丘	主梁	4～30m	距离50～170m	0.08～0.18	沙坡头地区，根据哈斯，1995
		副梁	1～6m	距离15～60m	0.07～0.1	
19	格状沙丘	主梁	5～20m（最高达30m）	50～150m	0.1～0.13	腾格里沙漠东南缘铁路沿线，根据沙坡头沙漠科学研究站，1986
		副梁	5～10m	距离50～100m	0.1	
20	金字塔形沙丘		三角形斜坡面坡度为25～30°左右			根据凌裕泉、屈建军等，1992；凌裕泉等，1997
21	风蚀浅沟		深-5～-30cm	1～7m	-0.05～-0.04	甘肃民勤
22	风蚀碟形洼地		深-1m	直径50m	-0.02	准葛尔盆地三个泉子，根据吴正，1987
23	风蚀洼地		深-1m	长17m宽10m	-0.06	美国亚利桑那州，开比托高原，根据吴正，1987
24	风蚀沟		深-9m	长160m	-0.06	江西新建县厚田，根据邹学勇，1990

　*①除署名者外，余为作者野外调查。引自孙显科《风沙流与沙地地形坡度》（民勤治沙综合试验站对外交换资料，油印本，1962）。

　②国内外有的学者以沙纹波长与波高之比表示沙纹的起伏形态，称之为沙波指数。它是 K 的倒数，本文在引用时做了换算。

　③新月沙丘顺风向长度系指其迎风坡、背风坡和翼角（或风影区）这三者的总投影长度。其中前者长度约等于后二者长度之和。

　④沙垄的高长比是指沙垄的高度与其顺风向横断面投影长度之比。

2. 关于调查的说明

本项调查从最小尺度沙纹开始，到中尺度沙丘、到大尺度沙垄和沙山。还调查了砾纹。在负地形方面调查了风蚀沟和风蚀洼地。从总体上说形态比较齐全，国内外兼有，所以有广泛代表性。

众所周知，沙床粒配、风速强弱和气流含沙饱和度都能影响沙地地表的蚀积变化，进而对沙纹的高长比乃至沙丘的高长比都能产生一定的影响。因此即使在同一沙丘，因处于迎风坡上下不同部位，沙纹的高度与波长之比也不一样。新月形沙丘的不同发育阶段，由饼状到盾状，由年轻到成熟，它们的高长比的比值由小趋大。但这些变化都有一个上限。由表 2 – 4 调查数据得知，序号 1 ~ 10 的各种沙积物高长比的变化幅度都在 1/10 以内。而风蚀地形(序号 21 ~ 24)的深长比的绝对值也都小于 1/10。

序号 11、12 沙丘链的高长比是指链身高度与链身迎风坡和背风坡这二者顺风向断面投影长度之比。与新月形沙丘不同，它没有翼角，在背风坡下侧仅有风影区。在计算时我们没有把风影区考虑在内，故比值略高。

沙山，尤其表面覆有次生沙丘链的高大的复合型沙山，它们具有形态相似的嵌套结构，排列阵形严整成带，带距平均 4000m，复合沙山高度平均 309m。由于形态的叠加，局部起伏较大，但总体上 K 值也没有超过 1/10(见表 2 – 4 中序号 14 及图 2 – 3)。

例外的是格状沙丘、穹状沙丘和金字塔沙丘。它们的高长比 K 有的略大于 1/10，有的远大于 1/10。正如学者们研究，格状沙丘是主风与次主风交叉吹袭、交互干扰的结果(哈斯、董光荣等，1999)，而穹状沙丘是一个主风和多方向次主风相互作用的结果(朱震达、吴正等，1980)。至于金字塔沙丘的成因，出现多种学说。本书在最后一章将从更广阔和更深层次对其进行探讨。

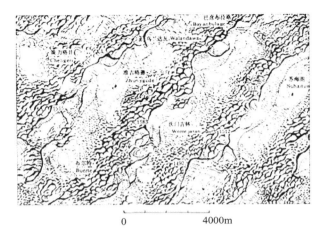

图 2 – 3　巴丹吉林沙漠复合型星链状沙山
（引自屈建军、常学礼、董光荣等，2003）

二、沙地地形野外试验

（1）在高 5m 的新月形沙丘迎风坡中部偏左侧任选 3 行前后横向排列的沙纹，将其合并成一条沙脊、突兀于沙丘表面，作为样方 1。在其右侧将另 3 行沙纹就地摊平，作为样方 2。依次向右再将 3 行沙纹用脚踏出不规则的脚印，作为样方 3。这 3 个样方横向并列，垂直主风方向，样方宽度 40cm，长度均为 2m，总长 6m。野外观测的最终结果是，一场起沙风后，人为的凸、平、凹三种样方形态均不复存在，沙丘表面又重现了原有的、有规则的沙纹排列。

（2）在另一高 5m 的新月形沙丘迎风坡，在靠近脊线的顶部（这里比较平缓，坡度为 3°），从别处取沙，堆成圆锥体。圆锥体高出下伏沙丘表面 70cm。圆锥面坡度与地平面呈 30°。如同"木秀于林风必摧之"一样，由于高出部分增加了地形阻力，几场风后，圆锥体被夷平，沙丘又恢复原貌。

这两个试验表明 1/10 地形具有自修复功能。

三、沙地地形 1/10 高长比与风速结构的关系

Б·А·费多罗维奇（1956）说："沙地地形好象是空气动力过程在

地面上遗留的烙印。"又说："沙漠地貌在一切表现方面都是十分有规律的和同源的。这就为解决许多复杂的空气动力学、特别是对流层下层的空气动力学问题提供了确切的资料。"我们赞同费氏的论点，在气流与沙质地表的相互作用中，由于气流是原动力，是矛盾的主要方面，因而现代风成沙漠地形更多地反映了气流在地面上的运行痕迹。为什么风成沙地地表形态，不论它的尺度大小在主风单一地区都具有 1/10 高长比这一规律，而且受到人为干扰（破坏）之后还能自我修复，犹如动植物伤口可以自动愈合一样。我们认为风成地表形态的这种表现反映了气流在运行中它的内部结构具有规律性，而这个规律就是风成沙地大小尺度地形形成的共同根源。

在上述论点基础上，Б·А·费多罗维奇进一步认为："在自然界中，空气紊动性具有三种不同表现，即水平纵向的、水平横向的和垂直的紊动性具有很大意义。"我们赞同费氏对气流流速结构的分析。尽管 А·И·兹那门斯基对此持有异议，他说"在紊流中一定质量的空气并不仅仅顺着三个方向运动，而是顺着所有可能的方向运动，互相起着作用并与下垫面作用，因而紊流不能看作是个别'紊流体'的独立自主的运动，并不是各自作着塑造地形的工作"。但我们还是认为，在看待"顺着所有可能方向运动的紊流体的作用"时，不可把他们等量齐观，要区分主次。气流的水平纵向分速、水平横向分速和垂直分速是构成气流整体运动内部结构的重要组成成分。三者之间此消彼长的关系构成了沙积物的轮廓。诚如朱震达（1989）所说，"沙丘形态发育规模可用长宽高三个形态示量指标加以表示"。据此，我们从沙丘形态的反馈中不仅看到了风速结构中三种分速的存在，而且看到了三者的大体比例关系。其中垂直分速与水平纵向分速之比则决定着风积地形的高长比和风蚀地形的深长比。确切地说，根据我们研究，1/10 高长比起源于气流的垂直分速与水平纵向分速之比[①]。

冯·卡曼（Von Karman，1953）和昆奈（Queney，1953）都认为，湍流的垂直运动对地表的蚀积是重要的。R·A·拜格诺也重视"气流的内

---

① 　孙显科：《风沙流与沙地地形坡度》，民勤治沙综合试验站对外交换资料（油印本），1963

部运动所产生的向上气流"。他说"风速从来不是定常的。风速的短期的变化是由于空气的内部流动。因为这些流动或旋涡无规则地围绕着各个方向的轴旋转，相对于风的一般方向而言，内部气流有上下动的，亦有前后和左右动的。接近地面区域，旋涡速度的铅直分量较小于其他方向的分量。虽然向上的旋涡速度和平均风速的比值变化很大，取平均比值为 1/5 相差当不会太大"。拜格诺十分有把握地将气流垂直分速与水平纵向分速的平均比值定为 1:5。这个比值与沙地地形 1/10 高长比极其吻合。这可通过几何图形得到证明。若将两个对边与底边之比为 1:5 的直角三角形对接到一起，则图 2-4 中 a 是气流先升后降，凸点在顶部。对接后底边为 10，高为 1，它相当于风积地形。同理，图 2-4 中 b 是气流先降后升，凹点在下部，它相当于风蚀洼地的 1/10 深长比。没有外界干扰下，气流在塑造沙地地形时，是先蚀后积，积后又蚀，如此轮回往复。当我们以沙纹的相邻两个顶点的距离作为波长，则深长比绘如图 2-4 中 b；如以沙纹的两个相邻的底点的距离作为波长，则它的高长比绘如图 2-4 中 a。两种方法测得的绝对值都是 1/10。因此我们认为高长比和深长比是一致的。1/10 高长比和深长比都是气流一升一降的反映。

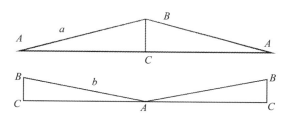

图 2-4　气流分速 1/5 垂纵比同沙地地形
1/10 高长比和深长比的关系示意图

如同圆一样，不论其周长大小，每旋转一周，它们的圆心角恒为 360°。出于同源的沙地地形，不论尺度大小，在高长比上也有其对应的圆心角。作线段 AB 的中垂线 CD，交于 E 点。按 1/10 高长比，取 EC = (1/10)AB。再通过 ACB 三点作圆 O，则 ∠AOB 即为 1/10 高长比相对应的圆心角，它为 45°19'，（见图 2-5）。以圆心为界，上部圆心角所对应的顶点朝上的 ACB 三角形就是图 2-4 中 a 所示风积地形的基本轮廓；而下部圆心角所对应的顶点朝下的 $B'DA'$ 三角形，就是图 2-4 中 b 所示风蚀地形的基本轮廓。同理，以 O 为圆心，以任意长为半径划同心圆，可在 AA' 和 BB' 交叉线上或在其延长线上截取不同长度的弦。以这些弦和它对应弧的最大距离为骨架构成的三角形，它们所代表的正负地形不论其尺度大小，它们的高长比和深长比的绝对值均为 1:10。因此我们认为，在紊流层内不同层面上的气流的一升一降的波浪式的前移是大小沙地地形构成 1/10 高长比和深长比的同源。所谓同源就是受同一规律所支配，这个规律的决定因素起源于气流的垂直分速与水平纵向分速之比。

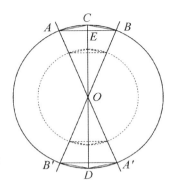

图 2-5 不同尺度风成沙地地形高长比、深长比同源示意图

四、1/10 定律的应用

（1）用以指导沙区铁路交通防沙治沙。在沙区铁路、公路的修建中，为了防止积沙，需要降低地形阻力。为此除了使地表光滑或者铺以卵石增加对跃移沙粒的反弹之外，使地面坡度小于 1/5～1/3 是重要措施之一。也可迎着风向修筑深长比 <| -1/10 | 的浅槽。1/10 定律可为这些人所熟知的治沙实践提供理论依据。

但也有的工程为了避免路轨积沙有意抬高路基，使边坡坡度达到1：2，以加大过境气流的流速。而这样做边坡需要有保护措施。

（2）用以检验沙障设计的成败。在机械固沙中，可利用每道障埂都能控制气流下蚀的特性，按 1/10 定律和沙障控蚀公式来计算障内沙面的蚀积量。以障内稳定凹曲面的深度不超过障埂间距的 1/10 作为衡量沙障成功的标准，已经得到广泛应用。

（3）用以探讨沙丘形成的空气动力学机理。既然各种沙漠地形是空气动力过程在地面上遗留的痕迹，其中高长比和深长比又是气流内部结构的一种反映，我们就可以以 1/10 为界，依据坡度的变化来探讨不同类型沙丘赖以成型的风况。

五、结束语

（1）沙积物尺度尽管有大有小，形态繁简差异悬殊，但绝大多数风积地形，尤其在主风向单一地区，它们的高长比 Kg 存在着明显的变化范围，其界阈 $Kg \leqslant 1/10$；而风蚀地形的深长比 Ks 也有相同的属性，只是 $Ks \leqslant | -1/10 |$。如果用 K 代表沙地正负两种风成地形的共同属性，则 $K \leqslant | \pm 1/10 |$。

（2）风成沙地地表形态之所以具有这种共同特征，主要在于气流与沙质地表的相互作用中，地形的高长比同气流垂直分速与其水平纵向分速之比这两个比例之间相互制衡相互顺应的结果。

（3）野外试验证明高长比 $K \leqslant 1/10$ 的沙质地表地形阻力最小、最适宜风沙流通过，因而形态比较稳定，且具有自修复功能，并在治沙工程中已经得到验证和广泛应用。因此称这种比例关系为 1/10 定律。

第三章

流沙论治

引　言　前两章探索了风沙运动的总体规律，本章将根据这些规律讨论流沙治理问题。首先概述了国内流行的治沙方法的 4 种划分类型。继而以改变风沙运动状态为着眼点，把沙地地表形态和沙源状况以及风沙危害情况作为辩证施治的依据。主张治沙科技人员要有驾驭风沙运动发展变化的能力，在风沙运动规律允许的范围内，教沙粒可停可走，教沙丘可高可低。为达此目的，作者提出风蚀定理和风积定理并将国内外已有的治沙措施归纳为固、输、积、削、堵、导六法。其中以固、积、堵抑制流沙侵袭，促使其停滞；以输、削、导促进流沙的运移，克服其停滞。在讨论这些治理方法时，注重对施治原理的探索，从蚀积辩证角度予以阐释。本章还提出以沙治沙的设想。强调六法因地制宜、相形布阵，控制高点、以点带面，组合配套、综合治理。

设置沙障是机械固沙工程的主要措施之一。本章在沙障固沙原理方面以控制风和风沙流蚀积机制为核心，通过图解剖析了沙障 H、L、Z、r、K 五个技术参数间的相互关系，推导了沙障控蚀公式，进而建立起沙障控蚀理论，并在实际应用中得到深化。对我国首创的黏土沙障的流场特征、设计原则以及在研制中所遇到的一些问题作了介绍和诠释。本章提出稳定沙障的理想凹曲面概念，确定其深宽比为 1/13.5。对如何选择沙障合理间距提出了应遵循的原则，确定沙障的标准间距为 $L = 13.5H$。对国内流行的合理沙障间距采用宽严并济的方法从理论上给予了科学的解释。

第一节　治沙方法的划分与内容简介

1958 年 10 月 28 日，中共中央、国务院在呼和浩特市召开内蒙古、新疆、甘肃、青海、陕西、宁夏六省（自治区）治沙规划会议并蕴酿成立中国科学院治沙队时曾提出：

　　"全党动手，全民动员，全面规划，综合治理；除害与兴利相结合，改造与利用相结合；因地制宜，因害设防；生物措施与工程措施相结合，大力造林种草与保护巩固现有植被相结合。"

　　这是党对治沙工作提出的方针政策，为治沙工作指明了方向。其中全面规划，综合治理，因地制宜，因害设防和四个"相结合"又从宏观指导角度，为治沙方法的划分指明了思路。

　　在我国迄今为止，由于着眼点不同，治沙方法大体有四种划分类型。它们是：按措施有无生命力划分法、按措施对风和对沙的作用划分法、按沙地蚀积原理和施治后地表形态变化划分法以及按治沙工程力学作用原理划分法。现简单介绍如下：

一、按措施有无生命力划分法

　　我国广大科技人员 20 世纪 50 年代末、60 年代初从专业角度把上边提出的生物措施和工程措施加以具体化，列于表 3 − 1。

表 3 − 1　国内最初流行的治沙方法

生物措施（又称生物治沙工程）	造林种草	乔木造林 / 灌木造林 / 种植沙生草本植物	植治
	封沙育林育草	保护现有植被	
	维系生态平衡	退耕还林 / 退耕（牧）还草	
非生物措施（又称机械治沙工程或工程治沙）	机械治沙	设置固沙型沙障 / 设置积沙型沙障 / 设置聚风板 / 设置导风板	机治
	黏合剂固沙（当时称化学固沙）	利用高分子化合物固结沙面	化治
	水利治沙	引水拉沙、淤沙造田 / 引水灌溉	水治

　　这是以治沙措施有无生命力为依据而划分的治沙方法。那时还没有注意生态平衡问题。20世纪70年代末逐渐有所认识。此次撰稿，作者追加"维系生态平衡"内容，使之趋于完善。1981年，兰州大学陈林芳先生在他写的《荒漠地貌》讲义（油印本）中将这一划分类型归纳为植治、机治、化治（因黏结剂多为高分子化合物而得名）和水治。措施本身有无生命力，体现在对水土条件和施工工艺的要求、时空效果、经济效益、生态效益和社会效益等方面都不一样，所以这种划分类型是必要的。

二、按措施对风和沙的作用划分法

　　这种划分最初由中国科学院兰州冰川冻土沙漠研究所（1976）依据下垫面降低风速、削弱风沙流强度和黏合剂对沙床表面的固结作用而提出来的。然后再进一步划分出植物治沙措施、工程防治措施和化学固沙措施三类，每一类又细分为若干种具体治沙方法。层层划分，形成体系（如图3-1）。

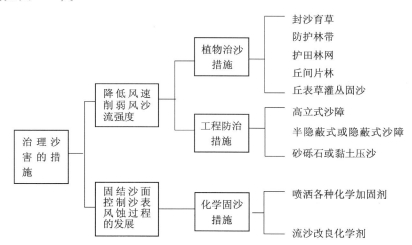

图3-1　治理沙害措施的分类体系图式
（根据朱震达、吴正等，1980）

三、按沙地蚀积原理和防治成效划分法

该项划分方法通称为固、输、积、削、堵、导六法，是作者 20 世纪 60 年代初在民勤治沙综合试验站工作时，根据当时国内外经验，结合站区绿化和乡村农田、公路防沙治沙实践，经过归纳而逐步完善起来的。起初，只有固、削、堵三法，到 1965 年中国林业科学研究院在民勤召开全国治沙现场会时作者提出固、削、积、堵、输五法向会议作了简略的介绍。这在当时相对于第一种划分方法而言，它打破了有无生命力的界阈，是一种新的尝试，受到代表们的关注。1973 年 9 月离站时作者吸取国内外经验，增补了导、拉二法，以《蚀积辩证 七法治沙》为题写成科研报告交到了站上。那时的七法是固、输、积、削、堵、导、拉。拉是水利拉沙，取自陕西靖边杨桥畔的经验。科研报告的标题把蚀积辩证和治沙七法联系起来，意在给七法赋予理论依据。但那时还没有打破动力源的界限，所以是七法。时过 6 年，1979 年"三北"防护林工程上马，作者由工厂调到辽宁省林业厅，以《风沙移动规律及其在治沙上的若干应用》为题，提出固、输、积、削、堵、导六法参加"三北"防护林会议。原文被摘录到《1979 年三北防护林体系建设学术讨论会论文集》中。考虑到水力拉沙的实质也是输沙，只是输移沙粒的动力源是水，对地貌形态的变化起着同等作用，于是打破动力源界限，将"拉"合并到"输"内，至此六法最后定型。又过 7 年，1986 年作者以《八纲辩证 六法治沙》为副标题，以《风沙流蚀积规律与应用技术的初步研究》为题，对六法的应用和它的原理作了较详细的论述，发表于《新疆林业科技》上。改革开放以来国内治沙事业又有新的发展，输导方面的具体措施得到完善。六法由单一使用发展成组合配套。此次撰写书稿在原有基础上又有新的补充，将原来的投影图换成立体图。以上是六法的形成过程。由于六法比较简明而又形象地概括了它对沙害的防治功能，所以流传较广。六法的具体内容和它的立论依据，本书将在下边设专节进行叙述。

四、按治沙工程力学作用原理划分法

它是中科院寒区旱区环境与工程研究所刘贤万研究员于 1995 年提

出来的，他利用隔断、抑制、增阻、减阻、转向、消形六种力学作用原理，将治沙工程措施按用途划分为封闭、固定、阻拦、输导、改向和消散六个类型（见表 3 - 2）。

表 3 - 2 治沙工程的力学分类（根据刘贤万，1995）

类型	用　途	作用原理	措　施
封闭	封闭活动沙面，改变沙丘表面性质	切断气固两相在界面上的接触	泥土抹、压面，喷洒沥青乳剂，明洞
固定	固定活动沙面，变动床为定床	抑制气固两相在界面上的相干作用	喷洒原油、盐水，平铺草，封沙育草，草方格，黏土沙障
阻拦	阻滞拦截过境风沙流	增大风沙流运动阻力，促使其减速沉积	栅栏，高立式沙障，林带，挡沙墙
输导	促进和加速风沙流体顺利通过保护区	减少风沙流运动阻力，阻止分离的发生	下导风，输沙桥，不积沙断面
改向	迫使风沙流改变运动方向	增大迎面阻力，迫其侧向绕流	一字排，羽毛排
消散	变沙丘整体推移为风沙流分散输移	减少沙丘形状阻力，增大输沙强度	扬沙提，下导风，风力拉沙

应该说第三、四两种分类所表达的治沙效果基本上是一致的。二者相异之处是，一个倚重于风沙地貌学的蚀积原理和八纲辩证推理逻辑；另一个则注重于力学作用原理，分析比较透彻。由于地表蚀积原理离不开风力作用，风力作用原理必然导致地表蚀积，所以两种划分类型可以相互印证，对治沙有异曲同工之妙。

第二节　蚀积辩证　六法治沙

一、提出六法治沙的目的和意义

众所周知，风沙危害是风对地表颗粒物质进行吹蚀、搬运和堆积的结果。吹蚀能破坏地表稳定造成沙粒起动，形成风沙流。风沙流中的跃移颗粒可对禾苗、牧草进行沙打沙割，对地表和地面建筑物进行侵蚀。沙尘暴严重污染空气，危害人体健康。沙粒停止运动时则出现沉积，乃至形成各种类型的沙丘。它们又能以群体有序运动形式对农田、水渠、水库、村庄、矿井、铁路、交通进行压埋，甚至大片吞食，所以治沙就是从治风入手解决地表风蚀以及风沙流和沙丘的运动问题。

前已述及以治沙措施有无生命力为依据而划分的治沙方法，或以治沙材料而划分的植治、机治、化治、水治，都有其必要性和实用性。但采用这些措施后对风沙运动引起何种变化则需要进一步研究。譬如打乒乓球，划分进攻和防守两大类型是必要的，但为了掌握球体运动规律，把打法划分为抽、拉、提、挡、削以及改变球路和落点等，对于克敌制胜更是十分重要。有鉴于此，我们在尊重前人划分类型的同时，又打破原有思路，不以措施有无生命力而划线，也不管动力源是风还是水，而着眼于施治后风沙运动起了何种变化，沙地地表形态起了何种变化。一句话，采取措施后解决了哪些风沙危害，收到了什么样的治沙效果，这是提出划分本类型的出发点和归宿点。于是以调控风沙运动状态和如何改变地表形态为依据的固、输、积、削、堵、导六种治沙方法便应运而生。

二、蚀积辩证是六法治沙的立论依据

沙粒的走停和地表的蚀积，共寓于风沙运动之中，它们是风沙运动同一事物表现出来的两个不同方面。有走便有蚀，有停便有积。因此当我们改变沙粒或停或走的运动状态时，地表上必然会出现或蚀或积的反映。反过来，解决地表蚀积，如变蚀为积，变积为蚀或确保沙床表面不蚀不积等便成了我们治沙人员驾驭风沙运动、解决风沙危害的一种重要手段。马克思主义哲学告诉我们，矛盾对立的双方无不在一定条件下相互转化。我们治沙就是通过改变下垫面状况作为条件促使沙粒的走与停、地表的蚀与积在风沙运动中相互转化。根据八纲辩证，风与沙是构成风沙运动体系的主体，风沙流（含沙饱和度）是沙地蚀积调节的杠杆。所以要想改变风沙运动状况，促成沙地蚀积转化，除了考虑动力源而外，还要考虑沙源，要尽量从风和沙源两个方面（而不只是从一个方面）创造条件，以期充分调动风和风沙流的蚀积功能。于是：

（1）造成沙地吹蚀的必要条件是增加风和风沙流对沙粒的起动和搬运能力，为此要加大风速、切断上风区沙源补给，使风沙流处于非饱流状态；

（2）造成沙地堆积的必要条件是减低风和风沙流对沙粒的起动和搬运能力，为此要削弱风速、保障上风区沙源补给，使风沙流处于饱流和过饱流状态。

以上两点姑且称之为风蚀定理和风积定理，它们是构成六法治沙的理论依据。

在这两个定理中，我们把切断上风区沙源补给作为沙地吹蚀条件之一，把保障上风区沙源补给作为构成沙地堆积条件之一，都是着眼于流体对沙粒的直接起动作用而提出来的；是以沙粒跃移具有双重性为立论依据；是以最大限度的调动风和风沙流的蚀积功能为前提的。两个定理在治沙实践中得到应用和验证，证明沙粒两种起动具有优势互补、兴衰与共的论点是正确的。

三、流沙的固定——六法治沙之一

固定流沙简称"固"，是让沙粒或沙丘不再移动，变走为停的一种方法。风沙为害源于沙粒起动，所以"固"是治沙之本。观测表明，地表裸露，风力可直接接触和起动地表沙粒。根据十纲辩证，不同的下垫面可以改变风与沙的联结。所以固定流沙的方法分为生物措施和非生物措施两大类型（详见表 3 - 1 和图 3 - 1 所示）。这些措施或切断或控制风与沙的联系，使流沙达到固定。

1. 采用生物措施

造林种草可以削弱风速、提高地表粗糙度。第一章有关下垫面的作用一节已经述及的，这里不再重复。总体来说植被能改变近地表气流场的性质，能提高地表粗糙度。所以植物能够固沙。根据爱士（Ash）1983，福莱尔（Fryrear）1985，瓦森（Wasson A. J. ）1986 研究，"风蚀量随植被盖度的增加呈指数函数减少"；"当植被盖度大于30%时，基本上无风蚀发生"（转引自吴正，2003）。不过植物固沙性能除与其覆盖度大小、植株的高低相关而外，还与其根系发展状况有关。有的植物水平根系发达，有的垂直根系发达。例如，梭梭垂直根系达5m 以下，水平根系向四周伸展达10m 以外；沙拐枣主根深3～6，水平根却长达20 余m。这些根系发达的植物即使受到风力掏蚀、部分根段裸露到地面之上，仍能顽强存活。考虑到各地区降水量不同，沙粒径级大小不同，以及风力强度和频率不同，加上植物固沙性能和排列方式不同以及植株高度存在差异等，我国在划分沙丘类型时，留了余量。以覆盖度为35%（而不是30%）作为固定沙丘的分界线，以35%至15%作为半固定沙丘的分界线，将覆盖度<15%的划为流动沙丘或沙地（董治宝，2005）。

植物治沙还是沙区生态建设的重要组成部分。辽宁省章古台处于科尔沁沙地东南缘。年降水幅度400~600mm；蒸发量为1700~1800mm；≥10℃积温3000~3300℃；属于半湿润半干旱气候。采用黄柳、差巴戈蒿、胡枝子、锦鸡儿、山竹子等植物，辅以平铺草压沙，先行灌木固沙。待沙面基本稳定后，再栽植樟子松、油松和以小青杨为主的乔木树种。形成了以灌促乔，乔灌结合的防风固沙林。根据科技人员观测研究，林间空地和林缘附近风速降低68.5%，空气湿度增加3.3%~13.1%，水面蒸发降低60.4%，气温年变幅降低4.5℃，日变幅降低10.8℃和3.1℃。固沙林使土壤表层的物理黏粒增加2.0%~2.7%，容重降低，孔隙度增加，土壤腐殖质组成性质得到改善，C/N比值增高。富集于林地上剖面层腐殖质为半流动沙地的4.43~21.87倍，为流动沙地的7.47~36.85倍（焦树仁，1989）。生物产量得到提高，20~30年生的樟子松林乔木层平均生物产量2.7~3.4t/（hm^2·年），小青杨为1.2~5.6t/（hm^2·年）。试验区内草本植物、动物、昆虫和微生物区系的种群数量都有增加，林下出现了环状菇、血红铆钉菇、杯菌、马勃等常见的真菌，食物链关系逐渐趋于复杂（焦树仁，1989）。植物治沙有助于沙产业和农牧副业的可持续发展，美化、净化环境，提高人民生活水平。所以造林种草进行生物固沙是治本的良方，一切有条件的地区都在大力采用。

我国十分重视生物治沙。为了扩大种源，为沙区治沙提供更多的优良抗旱固沙树种，满足引种驯化、良种选育，开展荒漠植物生物学、生理学、生态学的科学研究与教学需要，国家计划委员会把沙生植物园建设列为重点科研项目，纳入原林业部的科学技术计划。1974年在民勤治沙站区着手创建中国荒漠区第一座沙生植物园。甘肃省治沙研究所是我国治沙学会理事单位。接到建园任务后，尽心尽力，花了十余年时间完成了各项建园任务。现已搜集种植了298种植物，分属于50科166属，分区培育、观察研究。其中国家级珍稀濒危植物25种。建立起植物标本室、植物生理实验室、中心化验室、植物蒸腾耗水量观测场、气象观测站等，已成为我国西北地区荒漠植物的研究、教学和国内外学术交流的活动基地。

我国生物治沙经验比较丰富，涌现出许多先进治沙典型，除了前言中提到的辽宁章古台灌木固沙和沙地植松、中国科学院和铁道部在沙坡头的铁路治沙和我国新疆公路、油田以及三北造林一些大型治沙工程外，内蒙古科尔沁左翼后旗的生态经济圈建设、伊克昭盟防沙治沙草库伦建设、新疆和田小网窄带农田防护林建设、陕西榆林引水拉沙治沙造田经验、甘肃民勤黏土沙障栽植梭梭、固身削顶沙丘造林和节水灌溉技术以及青海高寒地区都兰封沙育林育草经验等都具有典型示范性。

从1978年开始我国治沙研究重心由研究沙漠转为以研究和防治沙漠化为主。中国科学院寒区旱区环境与工程研究所在河南延津及山东禹城等地设立示范试验区，以此代表半湿润地带对黄海平原上斑点状沙害开展治理研究。在江西南昌附近县乡设点，采用天然封育，建立防风沙体系，以此代表亚热带地区对河流沿岸沙害开展治理研究。在青海省共和县沙珠玉设试验点，在封沙育草、保护植被的同时，对农田外围的新月形沙丘和沙丘链设置麦草及沙蒿沙障，障内播种沙蒿、柠条，以此代表高寒地带对干旱沙质草原开展治理，等等，进行了大量研究，取得了成效（朱震达、赵兴梁、凌裕泉、王涛等，1998）。

中国林业科学研究院非常重视来自基层的治沙经验，1965年9月在民勤召开治沙造林现场会，及时向全国沙区推广民勤治沙站的黏土沙障梭梭沙丘造林的科研成果。20世纪80年代初，他们还组织中国科学院兰州沙漠研究所、内蒙古林学院、北京林学院以及来自新疆、内蒙、甘肃、辽宁等省（自治区）基层科研单位长期从事治沙基础理论和应用技术研究的科技人员，由高尚武任主编、由江福利、朱震达、赵兴梁任副主编，汇集精兵悍将，历时两年半编写出我国第一部《治沙造林学》（1984）。全面地总结了我国的治沙造林经验和取得的科研成就，是我国治沙造林的一部力作。鉴于国内还有许多著作已经详尽地介绍了全国或本地区的治沙造林先进经验，恕本书仅采撷少量彩照刊于封面封底，以之代墨，略窥一斑。

从蚀积转化关系来看，固也是防蚀，因为一有吹蚀必然起沙。所以广义地说封沙育草、保护现有植被、维系生态平衡、防止地表吹蚀和沙化都是固沙不可或缺的一项重要措施。而且这种措施见效快，只要每年利用休闲水灌溉一两次即可坐收事半功倍之效。根据甘肃省治沙研究所多年野外研究，在民勤地区当地下水位在 1.5~2.5m 时，在封育红柳、白刺后所形成的固定沙堆上，风速减弱 50% 左右，湿度增加 20% 上下，夏季地温降低 5%。在封育区宽为 3~5m 的冰草和甘草植被带内，株高达 25~50 cm，覆盖度 30% 时，可使风速降低 13% 以上，有 89%~94% 的跃移和滚动沙粒被阻滞在植物带内。经 10 年封育，张坝、小东、化音三大队沿风沙线已被破坏了的宽不足 1 km 的固沙带变成了宽 5 km 长 20 km 的固沙林，使农田、村庄免受风沙危害，效果显著（王继和，1999）。

2. 采用非生物措施

在年降水量不足 200 mm，甚至 100 mm 以下的干旱或极端干旱地区，由于气候、水、土等自然条件的限制，造林种草非常困难，即使能够开展造林种草的地方也必须事先固定流沙方可保障种子、苗木免遭风蚀。在这种情况下，设置机械沙障就成了治沙和保证造林成活的一种必要手段。据中国科学院兰州冰川冻土沙漠研究所 1976 年在《中国科学》上发表的论文，"黏土沙障设置后粗糙度增加 70~90 倍，表面阻力增加 2 倍左右，在离地面 20 cm 高处障内风速比障外风速减弱 30%"。可见机械措施成效显著。

沙障按其结构分为透风结构沙障和不透风结构沙障。黏土沙障属于不透风结构沙障，柴草沙障和尼龙网栅属于透风结构沙障。不透风结构沙障受地形因素影响障间容易产生风力集中，设置角度稍有偏差，障埂便受到掏蚀。由于设置技术难度较大，一般多设成格状。透风结构沙障只要左右疏密均匀，遵循上部稍疏下部稍密原则，障间不会产生风力集中。一般地说，沙障固沙效果以障埂间距越小越好，且格状优于平行设置的带状沙障。露头高的沙障优于露头低的沙障；半隐蔽式沙障优于隐蔽式沙障。但是间距越小、露头越高、所需材料越多，因而成本越高。所以科技人员都在寻找合理的防护参数，尽量减少原材料消耗。依据当地风况和地形条件，能设带状沙障的，不设格状沙障；凡设半隐蔽式沙障就能满足固沙要求的，就不设积沙型高立式沙障。除了障高之外，疏透度是决定柴草沙障防护效益的另一决定因素。民勤群众的治沙实践是"透风三、四成"最好。包括风洞实验在内，越来越多的研究都证实，疏透度在40%左右，即不小于30%，又不大于50%时，固沙效果最佳（高尚武，1984；刘贤万，1995；陈广庭，2004；屈建军、井哲帆等，2008；罗万银、董治宝、钱广强，2009）。设得正确的沙障经过风力吹袭一段时间后，障埂间出现一个稳定的凹曲面。稳定凹曲面的出现，表明障内沙面不再下蚀，它是沙障控蚀成功的标志。造林时将苗木栽在凹曲面的最低部位，以利于吸收水分。

喷洒各类黏合剂如沥青乳液等均可固结沙床表面使沙粒相互黏合而不致被风起动。用黏土泥墁沙丘也能直接割断风与沙的联系。随着高分子化学工业和合成化学工业的发展，聚丙烯酰胺类、聚乙烯醇类、聚酯树脂、聚氨酯树脂、尿甲醛树脂等大量新型高分子治沙材料和合成有机治沙材料不断涌现，目前世界已有100余种（陈广庭，2004）。这些材料加上现代薄膜技术，使薄膜覆盖沙丘成为现实，也使单一黏结固沙出现了与改良沙地、改善沙区环境相结合的新的发展形势。

以上这些非生物措施的共同特点是见效快，可以立竿见影。不过高分子化学材料大部分造价昂贵，大面积推广尚存在困难。除此之外，喷洒和平铺这类措施由于露头高度过低，容易遭受沙埋。

设置沙障是机械固沙中一项重要措施，它的固沙原理本书另设专节予以讨论。

四、流沙的输移——六法治沙之二

流沙的输移简称输，是使沙粒变停为走和使沙粒或沙丘加速前移的一种方法。治沙初始，因经验不足，往往见沙就固，以"固"为唯一治沙方法。理论和实践证明，固是治沙之本、是最基本方法，但不是唯一的方法。在沙区，公路交通、工程建筑以及农田村舍常被沙粒伏积，重者埋压路轨以至机车脱轨，需要把沙移走。在治沙中为了扩充平地，有时需要根据地形条件把几个小沙丘加以伙并，汇零为整，聚而歼之；有时又需要化整为零，就地夷平。这些都需要采用"输"这个方法。输是吹蚀，是加大气流的输沙量。根据八纲辩证，需要从风、沙源和下垫面三个方面为风和风沙流吹蚀创造条件。

1. 断源输沙

在所要输沙的地段(防护区)的上风区造林种草或设置沙障,让它有效地切断沙源。沙源一断,流经防护区的风和风沙流因处于非饱流状态而将积沙输走。甘肃省民勤县双楼大队和宋和大队,都有过流沙压埋院墙,高与屋顶平齐的沉痛历史。群众有"沙压墙驴上房"之语。解放后群众大力造林,切断了外界和当地的沙源补给,结果这些沙堆在造林后11年间都已陆续移走,露出了院墙。

2. 集流输沙

集流输沙,从理论上说是风力集中论点的具体运用。气流因受到压缩而流速加快。集流输沙可分为垂直集流和水平集流。新疆生物土壤沙漠研究所曾利用聚风板集聚风力,进行输沙,减除了公路沙害。他们选用聚风板对地面的倾角为70°~80°,开口高度为1.5~2m。这是垂直集流。如将聚风板呈"八"字形垂直设立在地面上,便形成水平集流,也可输沙。两种集流输沙方法如图3-2(A)和图3-2(B)。

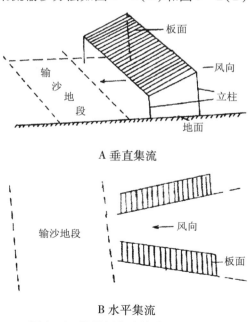

A 垂直集流

B 水平集流

图3-2 聚风板集流输沙示意图

(引自国家林业局科学技术司,2002)

3. 改善地表状况

（1）将防护区地表铺一层砾石或碎石，增加对跃移质的反弹强度，以调节风沙流结构，使（Q_{2-10}/Q_{0-1}）>1，不让沙粒过多地集中在底层。

（2）创造平滑的环流条件。如使路基高出附近地表，以加大过境风速；路基横断面微呈凸起的弧形；路基边坡放缓到小于1∶3，不使路肩下部产生涡流（引自中国科学院兰州冰川冻土沙漠研究所，1976）。

（3）А·И·兹那门斯基倡导的不积沙断面，也具有良好的输沙效果。

4. 引水拉沙

这是借用水力进行输沙。根据1963年《试验》杂志报道：陕西省靖边县杨桥畔大队创造出多种引水拉沙方法。引水拉沙作为一项工程，它包括修筑引水渠、蓄水池、冲沙壕、围埝和排水口（如图3-3）。蓄水池是抬高水位用的临时性蓄水设施，一定要设在地形高的地方，以便增加水压和水的冲力。引水渠分干渠和支渠，上接水源，下接蓄水池。冲沙壕挖在所要拉平的沙丘上。围埝用以拦截冲下来的泥沙，使丘间沙湾地增高。排水口要高于田面，低于田埝，起控制高差、拦蓄洪水、沉淀泥沙、排除清水的作用。排水口要用柴草等保护，以防冲蚀。根据地形条件和所要拉平沙丘的大小，在具体做法上又分为抓沙顶、野马分鬃、旋沙腰、劈沙畔、梅花瓣、羊麻肠、麻雀战等。引水拉沙可以淤沙造田、压碱改土、润土固沙、有利于造林种草、一举多得，有条件地区应大力提倡。

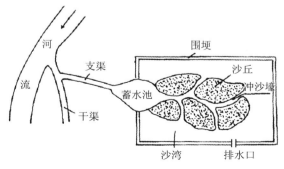

图 3-3　引水拉沙——野马分鬃示意图

（根据靖边杨桥畔，引自国家林业局科学技术司，2002）

五、流沙的积聚——六法治沙之三

流沙的积聚简称积，是使沙丘由低变高进而拦截过境流沙的一种方法。如果说固是治沙之本，积则是在固的基础上又有进一步发展，不仅固定所在地的流沙，还能截留外来流沙和低小沙丘，借以增高和壮大沙丘自身，形成拦沙坝。用"积"控制制高点，可起到以沙治沙的作用。

1. 积沙的要点

积沙有两个要点：一是尽可能选择高大沙丘，利用高大沙丘移速慢，囤沙量多的特点把高立式积沙沙障或栅栏设在它的顶部。因为沙障的积沙量与沙障自身高度以及它所在部位的高度之和的平方成正比。如果不选择高大的沙丘，沙障或栅栏有可能很快被埋，起不到拦沙坝的作用。二是在上风区留出沙源。治沙初期，作者在民勤治沙站工作时曾利用高大沙垅作积沙试验，由下而上垂直主风方向设置 12 道间距为 6m、露头 65cm 的紧密结构的高立式芦苇沙障，以为设这多道沙障沙垅顶部会积存更多的沙子。结果出乎意料，只有前沿几道积了沙，顶部非但未积，一部分空白丘脊反而被风削低。这个失败从反面证实：吹蚀是堆积的先决条件，堆积是吹蚀的演变结果。没有沙丘的下部（上风区）吹蚀，便没有沙丘的上部（下风区）堆积，无蚀便无积。所以要想使沙丘由低变高，首先不能把沙障设在沙丘的下部。其次，除在顶部设高立式沙障外，在上风区必须留出沙源，以保障沙粒对下风区的供给。否则达不到积沙效果。

用八纲辩证观点来看，露身积顶恰是固身削顶的逆态反应，一个是开源积沙，另一个是断源输沙。

2. 积在治沙中的地位

1963 年冬，作者在甘肃敦煌莫高窟上曾见到鸣沙山下部低沙丘上设的沙障有相当一部分被上风区赶来的流沙所埋没，非常痛惜。后来也有人提到栅拦沙障被埋问题，如何解决这一问题呢？军事上讲究控制制高点，我们治沙也应控制制高点即控制高大沙丘，通过它对上风区流沙进行囤积和阻截。通常在着手治理地段的前沿（上风区），在施工之前选好一至数个高而长的大沙丘，最好是沙丘链或沙垅，在其顶部设置 1～3 道高立式积沙型沙障。这就控制了制高点，阻截了上风区流沙，如同关门打狗，可放心大胆地在下风区进行固沙造林或设置沙障，而不致被埋。积是一种以毒攻毒，以沙治沙的方法。在大面积治沙中，面对纵横浩瀚的沙海，我们应该利用高大沙丘移速慢、能囤积和阻截流沙的特点大踏步地深入腹地，通过控制制高点，在水土条件优越的地段，优先固沙造林，把沙海分割成块，以林围沙，把某一区段作为一个战役，最后全部歼灭之。由此可见，在大规模工程治沙中，"积"具有统关全局以点带面的作用。如果我们不重视，或者不善于利用高大沙丘囤积大量流沙和发挥它们阻止流沙前移的作用，那就近似于军队作战不知利用地形要素控制制高点一样，轻则徒增无谓牺牲、事倍功半，重则全军覆没——造成下风区沙障全部被流沙压埋。

3. 积沙方法

除上述选择高大沙丘设置积沙型沙障外，还应提倡利用灌木进行积沙。沙区常见的草灌丛沙堆都是植物积沙的表现。红柳、白刺、黄柳等喜沙植物，沙埋能产生不定根、扩大营养范围，促进其生长，生长又利于积沙。垂直主风向栽植后，可形成高大的灌木积沙长堤。作者在民勤站工作时曾测量过一个高 13.8m 的红柳沙堆（如图 3－4），其背风侧地表积沙厚度锐减，这表明红柳沙堆起到了显著的截沙阻沙作用。在流动、半流动沙区与绿洲交界的地带，利用灌木积沙，形成天然屏障，是一种事半功倍的好办法。

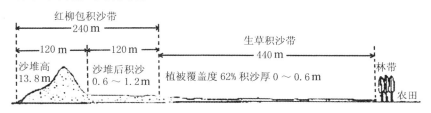

图 3－4　　红柳积沙断面图（根据甘肃省民勤治沙站，1975）

4. 积沙注意事项

积沙地点要远离防护对象。积沙型沙障都是高立式沙障，设置后会招引大量上游来沙。沙障叠置后沙丘会越积越高，乃至形成阻沙长堤。长堤增宽后有可能压埋防护对象，尤其溃堤后会出现欲益反损的严重恶果。所以在选择积沙点时要选那些远离防护区的高大沙丘，留出回旋余地，能造林的尽量造林，谨防万一溃堤时不至危及防护对象。我国修建包兰铁路时，因为没有经验曾把高立式栅栏沙障设于路基两侧，初期成功地阻截了流沙。但由于设在平旷的低处，1959 年当作者到沙坡头站采访时，见到有的地段沙障已经被流沙埋没。又由于离路基太近不敢再重复加设，最后造成流沙入侵，曾有多次停车，甚至机车脱轨，严重影响线路运营。这个教训值得汲取。

此外，再次提醒千万不可把积沙型沙障不设在高大沙丘的顶部而设在其下风侧的平地上。设在平地上就是放弃了控制制高点，犯了兵家大忌，不仅无助于截留大量来沙，而且沙障有可能很快因被埋而失去其应有效能。只有附近没有高大沙丘时，为了堵截流沙才采取高立式沙障，这是不得已而为之。

六、沙丘的削顶——六法治沙之四

顾名思义削顶是削去沙丘顶部，使沙丘由高变低，便于植物根系吸收地下水分，为造林创造条件。根据沙丘造林调查，林分长势在沙丘上部不如沙丘下部。越往高处长势越不好。于是出现削顶后再进行造林的设想。削也是输。打乒乓球讲究球的落点，治沙讲究相形布阵。削与输的区别在于削把输的落点选在沙丘顶部。换言之，削也是吹蚀，削顶专指将沙丘顶部进行吹蚀处理。方法有二：一是固身削顶，二是开沟削顶。

1. 固身削顶

由风蚀定理给出的吹蚀条件可知，丘顶风速虽大，但因风沙流处于饱流状态而起不到吹蚀作用。因此降低顶部风沙流含沙量是削顶的关键。由于沙丘顶部风沙流中的沙粒是来自沙丘下部吹蚀区的供给，所以削顶必须在沙丘下部设置沙障或者采取生物措施切断沙源补给，使流经沙丘上部的风沙流处于非饱流状态。

由此可见，掌握气流含沙饱和度对上下风区蚀积转化的关系，在治沙上可以帮助我们摆脱"头痛医头，脚痛医脚"的被动局面。"削"固然是蚀，但采取的措施是固。固身必然削顶，削顶须先固身，以固促蚀，固身削顶是八纲辩证的一项具体应用。

削顶沙丘的变态：削顶后沙丘形态的变化取决于迎风坡下部固沙地

段与上部吹蚀地段两者面积之比。也就是说固身面积的大小，决定着削顶的效果。以黏土沙障为例，在通常情况下，沙障设到迎风坡 1/2－2/3 以上时，顶部可一次削平(如图 3－5B)，故作者形象地称之为"固身削顶"。沙障设到迎风坡 1/3 以下时，由于风沙流含沙量得不到大幅度降低，结果只有腰部得到吹蚀，因而降低高程，但腰部以上部位仍保持完整的沙丘形态，把被固定的下部甩开而继续前移(如图 3－5A)。

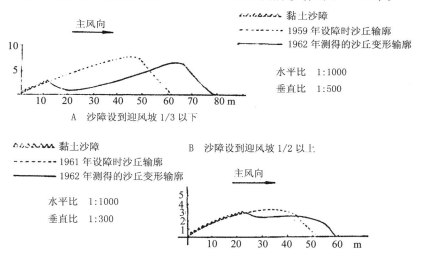

图 3－5 沙障设置部位与削顶沙丘的变态(根据孙显科，1965)

鉴于削顶沙丘有两种变态，对于高在 7m 以下的中小型沙丘，多采用"固身削顶"，一次削顶成型进行造林。对于 7m 以上尤其 13m 以上高大沙丘，往往分期处理，从沙丘下部开始每期固身长度为迎风坡的 1/3。形象地称之为拦腰截段分期治理。

2. 开沟削顶

赤峰县东方红大队在平整土地移沙造田中顺主风方向在沙丘顶"中部挖开一道沟"，用沙沟集聚风力，一次大风过后就会把这条沟削宽几倍或十几倍。"沙丘由大变小，由高变低，慢慢地被风削平"[转引自中国科学院林土所《治沙资料选编》(铅印本)1975，29～41]。此法的关键是顺风向开沟，如果垂直主风向开沟，则不能集流，因而起不到削顶作用。

七、堵沙问题——六法治沙之五

堵沙简称堵，也是使流沙变走为停的一种方法。在沙区由于地表状况和植被覆盖度等条件不同，地面上各地段之间沙子的流量是不平衡的。且不说甘草、冰草植被带上，风沙流的输沙量为无植被地段的14.4%，就是在流动沙区差异也较大。沙丘丘身输出沙粒较少，故沙丘得以生长壮大。而其两翼前端却有大量沙粒外泻。沙丘链丘体联接的地方为风口，沙子流量为就近其他部位的 4 ~ 5 倍。堵是利用沙子流量的不平衡性，在其大量入侵的来路上，选择地形，设置沙障或造林，制止其入侵，所以堵也称挡、也称阻。

堵和积的共同点是都能拦截大量流沙，使地表形态增高。二者的不同点是积一定要选择高大地形，用以囤积更多的流沙。堵不考虑地形的高低，只要求一定设在风沙流量大的风口处。它以剪除风沙流袭击所造成的危害为主。

1. 堵的措施

设沙障堵风口。草灌丛沙堆之间的低洼地形是风沙流量相对集中的地方，设"一"字形草沙障，障埂尽可能与主风向垂直。因此处是风口，老乡称之为堵口子。此法在固定半固定沙区行之有效，既弥补植物防沙之不足，又利用了草灌丛沙堆，可谓事半功倍。

在流动沙区，为了更有效地制止流沙危害，在沙丘上设置固沙型沙障后，为防止沙障前缘被上游流沙压埋，往往在上风侧设置高立式阻沙沙障，有条件的地段建防护林带，形成固阻结合的防治体系。

2. 阻击位置的选择

堵既然是拦截风沙流通过，就会有大量流沙从风沙流中跌落、发生沉积。因而和"积"一样，堵沙也存在一个选位问题。20 世纪 60 年代初在敦煌莫高窟顶沙砾质平坦地表上，有人沿崖边设了一道约 60cm 高的立式沙障，意在阻挡流沙不要飞入千佛洞内。但结果却使过境流沙化零为整，积聚在洞口的上方，反而构成祸患，后来只好拆除。与此相似的是据吴正、刘贤万考察，青（海）新（疆）公路且末—民丰段 45km 处，大部分为半固定沙地，生长有稀疏的胡杨、红柳、芦苇等植物，原来线路并无多大危害，但养路工人为了防沙，在紧靠公路的上风侧设置一道高立式芦苇沙障（阻沙栅栏），初期虽然起到阻沙上路的作用，但后来却在沙障附近招来大量积沙，形成高大沙堤，反而对公路造成严重威胁。教训再次告诫我们，高大的积沙型沙障要设于离保护对象较远的上风处，至少 100m 以外的地方，最好与固沙措施相结合，或者以固为主、或者以堵为主形成固阻结构的防护体系。这些都是我国的重要治沙经验。

在沙区，往往有这样的情况：上风区沙源丰富，两翼均有植被阻挡，唯独中路植被稀疏，或地表裸露。此时流沙突袭而来，形成一条舌状伸入带，直逼农田或草场，在民勤地区有的舌状伸入带年移速可达 25m。对于这样的沙害单纯采取挡沙头而不控制制高点必将造成引沙入境，反遭其害。此时莫如将靠近绿洲的前部低沙放过不管，而转向它的上风区，利用沙障优先抢占较高沙丘，控制上风区流沙，然后营造林带一至数条（依伸入带长度和危害情况而定），将其拦腰斩断。林带一起来，进入绿洲的流沙自会输走，这也是前挡后拉的一个实例。

八、导沙问题——六法治沙之六

导也是输移。它与输的区别在于，"导"在输移过程中改变风沙流乃至沙积物的原来运动方向，引导沙子在前移中避开保护对象；而"输"只是沿着原来风向增加风速，提高输沙量。导沙措施如下：

1. 工程导沙

根据对风沙流的观测，与主风向斜交呈 20°～30°以上的土埂和沟渠均可改变风沙流运动方向。据此可将高立式沙障设成一字与主风成 20°～30°的交角，迫使风和风沙流改向前移，借以疏导。20 世纪五六十年代我国学者借鉴导雪工程，采用羽毛排导沙获得成功（根据朱震达、凌裕泉，1988；引自吴正等，2003）。

2. 植物导沙

红柳，白刺等喜沙灌木，成带栽植，只要与主风向斜交，即可达到灌丛边长边积、边积边导，最后形成一道灌丛导沙长堤。这里偏角是重要的，偏角可以扩大沙源来路，而更重要的是偏角可保障沙堤整体走向与过境风沙流形成"搓绳"作用。即利用沙堤走向造成的延伸力与气流的前进力组成一个力偶，把两股力扭合到一起搓成导沙长堤；而没有一定的偏角便不会组成力偶，也不会形成具有延伸性的长堤。在沙区天然导沙堤屡见不鲜，与主风向交角多在30°左右。

九、六法治沙结语

（1）抓住沙粒的起动和输移的发展变化规律，从风和沙源两个方面调动风沙流的蚀积机制、掌控沙地地形蚀积转化的要点是解决治沙问题的中心环节。也是六法治沙的着眼点和归宿点。

（2）物极必反。对于一定的风速，风沙流蚀积调节的极是气流含沙饱和度。因此我们在创造风沙流的吹蚀和堆积条件时，对于与风沙流含沙饱和度密切相关的气流流速和沙源补给状况都须放到重要位置加以考虑。实践与科学试验表明：减速与开源同为积沙条件，集流与断源对吹蚀均起积极作用。治沙是人为地创造条件，控制风速的增减和发挥风沙流的蚀积调节作用。

（3）固、输、积、削、堵、导六法，包括促进蚀积转化和抑制蚀积转化两个方面。其中固与输、积与削、堵与导互为对偶，呈逆态反映。一般地说，以固、积、堵抑制流沙侵袭，促使其停滞；以输、削、导促进流沙的运移，克服其停滞。我们治沙要有驾驭风沙发展变化的能力，依据条件叫沙粒可停可走，叫沙丘可高可低，而且停走高低为我所用。六法具备这种功能，我们可以根据风沙运动规律创造条件，按照整体规划统筹安排，做到攻守兼备，因地制宜，辩证施治。

（4）因为吹蚀和堆积是相互转化的，所以在运用生物措施和机械措施进行固、输、积、削、堵、导时，要注意上下风区之间的联系；要注意六法之间彼此相克相促的关系；要善知合变，掌握蚀积的起点位置、变化的幅度（吹蚀的深浅、堆积的厚薄、蚀积循环周期的长短）、演变的趋势和运行方向的变换等。只有这样，才能心中有数，六法用之得当。

十、六法的组合与综合治沙

在具体工作中，本着因害设防、相形布阵的原则，除考虑地形要素外，六法还必须结合水土条件因地制宜，因势利导，或单独使用，或数法并举组合成套。常见的有：抢占低地、以林围沙；控制高点、关门打狗；内固外防、固阻结合；欲擒故纵、聚而歼之；露身积顶、扩大用地；固身削顶、低坡造林；拦腰截断、分期治理；固输结合、掺沙改土；引水拉沙、辟地造田；引水灌溉、造林种草；等等。这些都是行之有效的方法。尤其大型治沙工程宜多采用综合治理方法，形成防治体系。包兰铁路沙坡头区段，在路基两侧对沙丘采取全面铺设固沙型沙障，而在其外围则设置高立式栅栏阻截外来流沙入侵，同时引水灌溉，栽植乔灌木林带。而在路基附近建造砾石平台，作为缓冲输沙带。是机械措施、生物措施和水利措施齐备、以固为主、固阻结合兼有输导作用的典型的防护体系，是我国铁路治沙成功的范例（朱震达、赵兴梁、凌裕泉、王涛等，1998）。

在此要特别指出，生物治沙是沙区生态建设的重要组成成分，它有助于沙产业以及地方农牧副各业经济的可持续发展。在六法治沙中非生物措施固然可以独立运用，但主要是为生物措施服务的，只要水土条件许可就要根据当地条件类型的划分，正确选择植物种，合理配置乔、灌、草种，进行科学营造。要按流域统一调拨和合理分配上下游水资源，促进人地关系协调发展。必要时调拨一部分水量对林地和现有植被予以灌溉。沙区生物治沙主要是缺水，为此要大力提倡滴灌。在国外，以色列有先进的节水技术值得我们学习。朱俊凤、朱震达教授等在《中国沙漠化防治》中把甘肃省民勤县作为节水灌溉技术开发典型，旨在倡导和推广此项技术措施，使之蔚成风气，值得称赞。

第三节　沙障固沙原理与沙障控蚀理论的创建

沙障为什么能够固沙，概括起来有两种解释。一种是用粗糙度理论，以气象学和 R·A·拜格诺风沙物理学理论为依据，观测障内风速梯度的变化，用粗糙度的提高作为沙障成功的标志。另一种是以 A·И·兹那门斯基说的沙障稳定凹曲面的深宽比（也称深长比）不超过 1/10 为基础，经过作者补充和深化，以控制风和风沙流的蚀积机制为核心，以障内沙面的蚀积变化作为沙障固沙效应的综合标志，用相关公式来表达控蚀因子的相互关系，而最后形成的沙障控蚀理论。有人说稳定凹曲面深宽比只是一种检测方法，我们认为在探讨沙障固沙的各个技术参数的相互关系时，它具有独特的作用。这就不是单纯的方法问题，而是演变成沙障固沙理论的组成部分。以上两种理论着眼点不同，推理逻辑不同，但二说又有共同点。那就是两种解释都强调通过下垫面的改进增加对过境气流的摩擦阻力，都强调障体与气流的相互作用。这一共同点使得两种理论并行不悖，而且相得益彰。用粗糙度理论解释沙障固沙原理的人，也往往谈及障内原始沙面的变化，有时也考虑 1/10 深宽比；而用控蚀理论解释沙障固沙效能的人，也常常涉及粗糙度，常常考虑风速梯度问题。类似西医和中医各有所长，可以优势互补。

本节先介绍粗糙度理论在沙障固沙方面的应用概况，然后再深入探讨沙障控蚀理论问题。

一、粗糙度理论与沙障固沙

在近地面层中，气流受地表摩擦阻力影响，风速沿高程呈对数分布，越接近地面风速越小（如图 3 - 6a）。而且在贴近地面某一高度上，总可以找到风力和摩擦阻力相等的情况，此处风速等于 0。这个高度在气象学上称之为粗糙度，通常以 k 或 Z_0 表示（如图 3 - 6b）。它体现了地面构造的粗糙特征。在求 z_0 时，一般在不同高度层上选出 z_1 和 z_2 两点作为一个组合，测得它们的风速分别为 v_1 和 v_2 后，按式（3 - 1）计算。

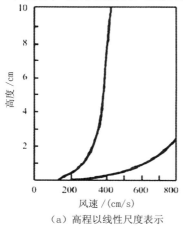

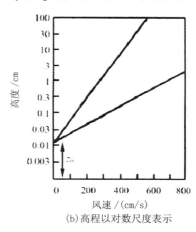

（a）高程以线性尺度表示 　　（b）高程以对数尺度表示

图 3 - 6　风速沿高程的分布（根据拜格诺，1941）

$$\lg z_0 = \frac{\lg z_2 - \dfrac{v_2}{v_1}\lg z_1}{1 - \dfrac{v_2}{v_1}} \qquad (3-1)$$

设 $\dfrac{v_2}{v_1} = A$，则上式可简化成：$\lg z_0 = \dfrac{\lg z_2 - A\lg z_1}{1 - A}$ $\qquad (3-2)$

测出沙障的粗糙度值以后，再与当地的流沙表面粗糙度相对比，借以表示沙障的固沙效能。在我国耿宽宏率先采用这一理论。他在民勤治沙站区观测到埂高 40cm 的 2m 带状和埂高 35cm 的 2m×2m 格状黏土沙障的粗糙度均为 0.4923cm，较流沙面粗糙度 0.0025cm 提高近 200 倍。其他各类柴草沙障粗糙度都有程度不同的较大提高，见表 3-3。这说明粗糙度体现了沙障对风速的削弱作用，体现了不同下垫面对风与沙的联结所起的切断或阻隔的作用。

表 3-3　5 种试验沙障的粗糙度及障内沙面蚀积强度一览表 *

沙障名称	结　构	障高/cm	规　格	设置部位	粗糙度	障内沙面平均蚀积强度/cm
冰草高草沙障	透风稀疏	40	带状 2m	迎风坡丘顶	0.0294	+10
枝条沙障	透风稀疏	10	带状 2m	迎风坡 1/3 处	0.068	+8
麦草矮草沙障	透风稀疏	10~15	格状 2×2m	迎风坡 1/3 处	0.0144	+6
黏土沙障	不透风	35	格状 2×2m	迎风坡 1/3 处	0.4923	-3
黏土沙障	不透风	40	带状 2m	迎风坡 1/3 处	0.4923	-2

* 孙显科根据耿宽宏《民勤黏土沙障固沙研究初步成效》（1961）一文整理。流沙面粗糙度为 0.0025。

不过从表 3-3 黏土沙障和柴草沙障的对比中我们也了解到，障高 40cm、间距 2m 的带状冰草沙障，其粗糙度为 0.0294cm；而同等规格的黏土沙障其粗糙度为 0.4923cm，高出冰草沙障 15.7 倍多。按粗糙度理论，粗糙度大的黏土沙障，障内沙面风蚀深度应小于粗糙度小的柴草沙障。然而观测结果却是冰草沙障平均积沙 10cm，黏土沙障反而平均风蚀 2cm。又，同为 2m×2m 两种不同材质的沙障，设在沙丘同等部位的黏土沙障，论高度高出麦草矮草沙障20~25cm，论粗糙度则高出后者33(0.4923÷0.0144)倍多。但黏土沙障平均风蚀3cm，而麦草沙障却平均积沙6cm。可见粗糙度有时还不能准确反映出沙障固沙的蚀积强度。

此外，在后来的实验中我们还观测到，设在同一沙丘上的黏土沙障虽然埝高(25cm)和间距(2m)都相同，但由于所处的沙丘部位不同或因设置角度不同，有的障内积沙3cm，有的障内沙面吹蚀13cm。我们从沙障这些不同蚀积强度的反馈中察觉到在设有沙障的沙丘上，粗糙度不应只是一个值。一个特定的Z_0值代表了沙丘顶部沙障，可能代表不了迎风坡下部沙障；代表了障埝顶部，不一定能代表障间凹曲面底部；很难落实到具体的点上。同时作为参照的流沙表面的粗糙度也是众说不一，拜格诺认为Z_0为沙粒粒径的1/30(1941)，而耿宽宏测得为粒径的1/10(1961)，怀特(White, 1940)测得为粒径的1/9。这些也构成了计算比值时容易出现偏差的因素。

这个问题的研究到20世纪90年代中期进一步明了，在测定粗糙度时影响因子较多，复杂地形造成地表局部气流不平衡，因此不同地点的粗糙度自会出现差异。研究还表明，即使其他条件都相同，对于某一固定的地表，用几组不同组合高度上的风速所测定的粗糙度值也很不稳定。即使同一组合高度，不同的风速范围测得的结果也相差很多(杨明元，1996；李振山等，1997)。或许由于测试条件不同，这些结论与拜格诺在风洞测得的不同组合风速具有同一交汇点，不相一致。因此在野外测出的粗糙度与沙障内沙面蚀积强度有时不能完全相对应似乎不足为奇。

沙障粗糙度究竟比流沙表面粗糙度高出多少倍算作成功，应该有一个确切标准。而没有标准，无论提高多少倍都属于适用范畴，这就无法把握由量变到质变的定性点，因而也就容易流于空泛。

当粗糙度大小与障间沙面蚀积变化强度出现不协调时是相信粗糙度呢，还是相信障间沙面变化？我们认为两者分别反映了不同材质沙障的不同固沙性能，因而都有可取之处，但障间风成基面的蚀积变化更能代表沙障固沙的综合性能，因此更有权威性。

二、沙障控蚀机理与风和风沙流的蚀积机制

粗糙度理论在应用中存在的上述种种情况，作者在 20 世纪 60 年代初在民勤站工作时已有所察觉，于是在沙障固沙原理的探索中，开始改弦更张，根据 А·И·兹那门斯基关于沙障"稳定凹曲面深宽比不超过 1/10 时，沙障是正确的"这一说法，转向研究沙障控制风和风沙流的蚀积机制问题，准备另辟蹊径（1964）[1]。

从当时国内外和我们自己的研究中得知，沙障对气流的各种影响，包括对气流摩擦阻力的增大，对贴地风速的削弱，对粗糙度的提高以及对气流输沙率的降低等，可使原本具有一定风蚀能力的风和风沙流在流经障埂时不仅不能对障埂驻足处的地表进行吹蚀，而且在障埂基部反而出现积沙（М·П·彼得洛夫，1959；耿宽宏，1961；孙显科，1962[2]）。这说明拥有一定露头高度的障埂都具有控蚀促积作用。沙障是由多条障埂组成的。当这种具有控蚀促积功能的障埂一旦连手组合成带状沙障或格状沙障之后，只要设得正确经过一段时间风力的吹袭，前后两两相邻的障埂之间便出现一个稳定的凹曲面。这个凹曲面有的由外来沙和一部分障间原有沙共同组成；也有的全部由过境来沙或者由障间原有沙所组成。障埂基部积沙和凹曲面的形成以及形成过程中障间原始沙面或蚀或积的变化，包括截留外来流沙在内，这些都体现着沙障的固沙功能，也蕴含着沙障的控蚀机理。我们把这些统称之为沙障控制风和风沙流的蚀积机制，简称沙障控蚀机制。由于沙障对气流的各种影响最后总是集中地反映到障内原始沙面的吹蚀和堆积上，所以我们把障内沙面的蚀积状况确定为衡量沙障固沙效能的综合标志；把沙障控蚀机制看作是沙障固沙的理论基础[1]（孙显科，1964）。因为粗糙度增高才有可能积沙，所以以障间原始沙面蚀积强度来判定沙障固沙效能既吸收了粗糙度理论的合理内核，又有了衡量沙障固沙效能的综合性的量化指标，从而增加了指

---

[1] 孙显科. 机械固沙的理论基础与沙障设置技术的初步研究. 民勤治沙综合试验站 1959～1964 科研成果汇编（油印本），1964

[2] 孙显科. 沙区农田设置芨芨草风墙防止风沙危害的初步分析（油印本）. 1962

导实践的可操作性。

为了说清什么是沙障的控蚀机理，以民勤 3m 高的新月形沙丘为例，看看设障前后风和风沙流的蚀积机制表现在哪些方面，它对沙丘前移构成了哪些影响。

表 2-2 观测数据表明，沙丘在前移中首先从迎风坡起点开始吹蚀，然后风蚀逐渐加剧，距沙丘吹蚀起点 6m 处吹蚀深度达到最大值（15cm），而后吹蚀逐渐衰减，约到 23m 处气流含沙量达到饱和，结束吹蚀过渡到堆积，这说明气流流经沙丘的饱和路径长度为 23m。此后堆积厚度越往丘顶越大，最大积沙厚度达 14cm。

以上观测数据是在多场持续风速下测得的平均值。研究表明，即使在同一地区、甚至同一沙丘，不同的风速，不同的持续时间，饱和路径长度和蚀深皆有变化。但是从开始吹蚀——吹蚀最大深度——吹蚀转弱——不蚀不积（蚀积拐点）——堆积——最大堆积厚度这样一个过程是有代表性的。沙丘迎风坡的这种蚀积变化（如图 3-7），反映了风和风沙流在自然状态下所特有的蚀积机制。

图 3-7　沙丘前移蚀积转化示意图

设置沙障后，我们观测到沙障通过以下 3 个环节改变风和风沙流的原有蚀积机制。

（1）沙障通过障埂的占位控制风和风沙流的吹蚀起点。设置正确的沙障由于障埂能克蚀促积，所以障埂基部不受风蚀，因而障内沙面的吹蚀起点（依据沙障结构的不同），只能发生在障埂下风侧大约障高的 1 至 5 倍远处。这就是说，障埂设在哪里，吹蚀起点也就相应地随之确定下来。控制吹蚀起点是沙障固沙最为重要的一环，因此务求障埂驻足稳固。如果这一环节解决不好，障埂被风一吹就走，便谈不上控制吹蚀起点，下列两个环节也就失去依托。

（2）沙障通过障埂间距控制风和风沙流的吹蚀长度。在自然条件下，流动沙丘迎风坡的吹蚀长度即为气流为沙子所饱和的路径长度。其值随风速的大小伸缩性较大，可由 7 ~ 8m，达到 20 余 m。表 2 - 2 在 3m 高新月形沙丘上观测到的饱和路径长度平均约为 23m。设置沙障后，风和风沙流受到障埂的阻挡不能继续下蚀，吹蚀长度被控制在前后相邻的两两障埂之间。这就是说，风和风沙流的吹蚀长度不再以气流含沙量是否达到饱和为转移，而是通过障埂间距得到控制。

（3）沙障通过障埂间距和障埂高度控制风和风沙流的蚀积强度。设置正确的沙障在风力作用下经过一段时效处理后，在相邻的两道障埂之间出现一个稳定的凹曲面。兹那门斯基说稳定凹曲面的深宽比的比值不超过 1/10。由于比值一定，沙障间距在控制吹蚀长度的同时便决定了稳定凹曲面的深度，而沙障高度则决定了凹曲面的高程。凹曲面有了深度、有了高程，障间原始沙面的或蚀或积的强度也就随之确定下来。

沙障对风和风沙流这三个环节的控制，构成了一个完整可控的蚀积机制，简称沙障控蚀机制。我们可以通过沙障的这种控蚀机制把沙丘原来流动着的迎风坡，人为地按沙障间距分割成若干个蚀积稳定的小区。例如，对于一个迎风坡长 33m 的沙丘，只要设置七八道间距为 3m 的障埂后，原流动区便被分割为七八个吹蚀长度不足 3m 的蚀积稳定的小区。这些小区各自为战控制着沙面吹蚀强度，积小胜为大胜，最后使整个沙丘达到固定。

三、沙障控蚀机理与沙障控蚀公式的推导

1. 沙障控蚀机理与 H、L、Z、r、K 之间的相互关系

为了发挥沙障控蚀机理的功能，使沙障控蚀机制具有可操作性，我们把探讨障高 H、间距 L、凹曲面深度 Z、障间原始沙面蚀积强度 r 以及凹曲面深宽比 K 之间的相互关系作为突破口，结合对不同规格黏土沙障和芨芨草沙障的固沙效能的试验观测，着手推导沙障控蚀公式。试验观测结果载入表 3 - 4，并摘录甘肃省治沙研究所常兆丰等观测数据作为旁证，见表 3 - 5。

表3-4 沙障稳定后障间凹曲面深宽比(Z/L)及障内原始沙面蚀积强度(r)

序号	沙障名称	L/cm	H/cm	Z/cm	Z/L	r/cm
1	2m 带状 黏土沙障	200	25	20 16 } 16.7 14	1/10.0 1/12.5 1/14.3	5 9 } 8.3 11
2	4m 带状 黏土沙障	400	25	39 32 } 33.7 30	1/10.2 1/12.5 1/13.3	-14 -7 } -8.7 -5
3	2m×2m 格状 黏土沙障	200	18	19 16 } 16.0 13	1/10.5 1/12.5 1/15.4	-1 2 } 2.0 5
4	4m 带状 芨芨草沙障*	400	50	29 33 } 32.7 36	1/13.7 1/12.1 1/11.1	21 17 } 17.3 14

* 芨芨草沙障疏透度 $\beta = 0.3$

表3-5 不同沙障间距在不同沙面坡度下障间凹曲面深宽比
(蚀积系数)(根据常兆丰等,2000)

样号	沙障类型	障间斜距/cm	沙面坡度/°	深宽比	样号	沙障类型	障间斜距/cm	沙面坡度/°	深宽比
1	黏土横格	515	12	1/12.0	15	黏土横格	225	0	1/14.2
2	黏土横格	495	7	1/13.3	16	黏土横格	220	2	1/11.6
3	黏土横格	480	2	1/13.7	17	黏土横格	210	0	1/15.0
4	黏土横格	415	0	1/14.3	18	黏土横格	190	1	1/13.1
5	黏土横格	405	3	1/11.9	19	黏土横格	165	7	1/13.3
6	黏土横格	400	2	1/12.1	20	黏土横格	140	4	1/13.4
7	黏土横格	390	0	1/11.6	21	麦草方格	250	5	1/14.1
8	黏土横格	385	0	1/13.8	22	麦草方格	175	5	1/13.9
9	黏土横格	385	1	1/14.8	23	麦草方格	160	0	1/14.5
10	黏土横格	345	1	1/12.4	24	麦草方格	150	3	1/16.7
11	黏土横格	345	2	1/13.4	25	麦草方格	150	1	1/15.8
12	黏土横格	335	2	1/13.1	26	麦草方格	140	3	1/12.7
13	黏土横格	335	3	1/13.0	27	麦草方格	140	3	1/17.5
14	黏土横格	305	3	1/12.5	28	麦草方格	130	4	1/13.7

以上二表所列数据，尽管深宽比的比值下限不同，有的为1/15.4，有的达到1/17.5，但上限都没有超过1/10。这说明兹那门斯基的论点是正确的。据此以K代表沙障凹曲面深(Z)宽(L)比，依定义将其化为一个公式：

$$K = Z/L \qquad\qquad (3-3)$$

公式(3－3)既是一个判别式，以深宽比1/10为界来判别沙障是否设得正确；同时它又是我们推导沙障控蚀机理的基础。K也是沙障控蚀公式的有机组成部分。

我们可以从表3－4数据中得出以下三点结论，并辅以图解。

(1)序号1和序号3这两组沙障，由于间距相同，同为2m，所以障内稳定凹曲面深度Z基本一致，带状沙障平均深度为16.7cm；格状沙障稍浅一些，平均为16cm。但是由于障埂高度H不同，高25cm的沙障障内积沙厚度r平均为8.3cm。而高18cm的沙障平均积沙厚度仅2.0cm。由此得出第一个结论是：当沙障间距L为一定时，稳定凹曲面的深度Z所处的高程，随障埂高度H的增高而增高，随障埂高度的缩短而下降。这同水涨船高，水落船低颇有相似之处(如图3－8)。

图3－8　沙障间距一定时，稳定凹曲面高程随障埂增高而升高示意图

(2)序号1和序号2两组试验沙障，埂高同为25cm，但由于间距不同，它们的控蚀能力各不相同。在间距2m的沙障内，凹曲面深度Z平均为16.7cm，积沙厚度平均8.3cm，远优于4m间距的沙障。后者凹曲面深度增至33.7cm，障间沙面不仅没有积沙，反而下蚀8.7cm。由此得出第二个结论是：当沙障高度H为一定时，凹曲面的深度Z随沙障间距L的增大而加深，反之随间距L的缩小而变浅(如图3－9)。

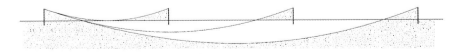

图3－9　沙障高度一定时，稳定凹曲面深度随沙障间距扩大而加深示意图

(3)凹曲面所处高程的上下浮动和凹曲面深度 Z 的增减演示着障内原始沙面的蚀积变化。从表3－4所列数据和上面两个图解中不难看出，H、L 与 Z 的关系决定了障间原始沙面或蚀或积的属性，也控制了原始沙面的蚀积强度 r。由于 K 值 $\leqslant 1/10$ 限定了稳定凹曲面的曲度，所以把这种控制关系概括起来得出的第三个结论是：当障埂高、间距小时，障间原始沙面出现积沙，积沙时稳定凹曲面最低点处于原始沙面以上（如图3－10A）；当障埂低、间距大时，障间原始沙面出现吹蚀，吹蚀时稳定凹曲面最低点处于原始沙面以下（如图3－10B）。

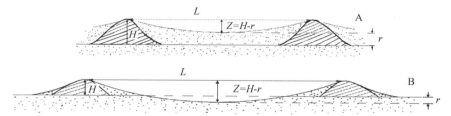

图3－10　黏土沙障障间凹曲面深度 Z 与原始沙面蚀积强度 r 关系示意图

A：$r>0$，障间出现积沙　　　　B：$r<0$，障间出现风蚀

由表3－4所列数据，或由图3－10都可直观地看出：障间原始沙面的蚀积强度 r 与沙障稳定凹曲面深度 Z 是完全不同的两个概念，不可以混淆；但二者有一定的联系，它们的关系是 $Z+r=H$，即

$$r = H - Z; \text{或} Z = H - r \qquad (3-4)$$

式中：r 为有向量，以原始沙面为界，向上量为正，表示最小积沙厚度；向下量为负，表示最大吹蚀深度。原始沙面蚀积强度 r 是专指凹曲面中间部位的沙面变化，它不包括障埂基部的积沙（下同）。在（3－3）（3－4）两式中，H、L、Z、r 的单位均为 cm。

在看待沙障的固沙性能时，本书除了引用兹那门斯基的稳定凹曲面深度 Z 与沙障间距 L 的比值不大于 $1/10$ 来表示沙障的稳定和成功而外，我们还认为障间原始沙面的蚀积强度（r）也是衡量沙障固沙效能的一个十分重要的物理参数。认为 r 值的大小反映了包括疏透度、障高、间距、设置角度、沙障材质、障内紊流形态以及地形和沙源状况种种要素对沙障固沙性能的共同影响，因此 r 代表了沙障全面而集中的综合性固沙指征。兹那门斯基在讲学中谈到了深宽比对沙障稳定的判断，但稳定后障间沙面是蚀还是积，没有说明。于是有人误认为凹曲面深度即是沙障的最大风蚀深度。我们则设定 r 这个技术参数，以区别原始沙面蚀积强度不同于稳定凹曲面深度 Z。这一设定以及后来由此而推导出的沙障控蚀公式是我国科技工作者对兹那门斯基论点的深化和发展。

2. 沙障控蚀公式的推导

公式(3-4)$r = H - Z$ 反映了 r 与 H 之间的正态关系，即障埂越高积沙的概率越大，或者积沙越厚。但从中还不能直接看出原始沙面的蚀积与沙障间距(即 r 与 L)的关系。将公式(3-3)$K = Z/L$ 中的 Z 值代入公式(3-4)得：

$$r = H - KL \qquad\qquad (3-5)$$

由公式(3-5)不难看出当 H、L 为一定时，K 值的大小将影响沙面的蚀积强度，所以在该公式里我们称 K 为蚀积系数。

公式(3-5)中既有 r 与 H 的关系，也有 r 与 L 的关系，还有 H 与 L 共同对 r 的影响，再加上蚀积系数 K，这就表达了沙障的控蚀机理和沙障的固沙效能，也使沙障控蚀理论具备了可操作性。

$r = H - KL$ 是我们多年求索的沙障控蚀公式(孙显科，1965)。它具有下列多层涵义：

(1)将 r 放在等式的左侧，以凸显障内原始沙面的蚀积是衡量沙障固沙效能的终极标志。它始终是工程设计人员所关注的中心。掌握蚀积强度 r，工程设计人员可以做到心中有数。不掌握蚀积强度 r，不了解障间原始沙面蚀积深浅，是工程设计人员心中无数的表现。

(2)公式表明，在疏透度合理、设置角度无误条件下，控制沙障蚀积强度的决定性因子是沙障的高度和沙障间距。因此在探讨沙障的固沙效能时，二者不可缺其一；缺了一个就无从知晓 r 值的大小。

(3)当 L 为一定时，障间沙面吹蚀深度随沙障高度增大而减少；反之随沙障高度降低而增大(如图3-8)。

(4)当 H 为一定时，障间沙面吹蚀深度随沙障间距 L 的增大而增大，反之随间距 L 的缩小而减少(如图3-9)。

(5)当 L 缩小到 0 时，公式代表无间距沙障。泥漫(抹)沙丘、土(黏土)埋沙丘和薄膜覆盖(全丘)均属这类沙障，它是沙障的特例。此

时 $r=H$，r 代表覆盖物的厚度(H)。

(6)当 $H=0$ 时，$r=-KL=-Z$，即 $Z=-r$，表明此时凹曲面深度就是障间沙面最大风蚀深度。凹曲面与风蚀面完全重叠、绝对值相等。这是隐蔽式沙障的特点。$H=O$ 的障埂只有控蚀作用，而无促积功能。

(7)在考核沙障的固沙效能时，还有一个障高与间距之比的问题，通常以 H/L 表示。如果 $H/L \leqslant 1/10$，则障内原始沙面蚀积变化不大，一般称这类沙障为固沙型沙障。当 $H/L \geqslant 1/10$ 时，则障内必然出现积沙。一般称这类沙障为积沙型沙障。当然两种类型沙障都以障埂高度作为硬性指标，固沙型沙障高度一般都在 30cm 以下，而积沙型沙障高度一般在 75cm 以上。不过在设置时通过调整间距，控制沙障的高长比(H/L)也可在一定程度上改变 r 值的大小。

当沙障高长比 H/L 越大于 1/10 时，沙障的积沙潜力越大。如果此时测得(Z/L) > (1/10)、虽然超过上限，但 $Z < H$ 时，说明沙障仍处于积沙状态，尽管 K 值偏大却不是失败的表现。如果 $Z > H$，说明障内沙面被风掏蚀严重，是不成功的沙障。

3. 沙障控蚀公式的普遍性

沙障控蚀公式(3-5)是在平坦沙面上推导出来的，因此有人怀疑它的代表性。诚然相对于具有一定坡度的沙丘迎风坡而言，平坦地面具有特殊性。由图 3-11 可知，沙丘坡度 a 可导致沙障有效高度的降低(常兆丰等，2000)。在平地上沙障的有效高度为 H 时，在坡面上有效高度变为 h。二者的关系为 $h=H\cos\alpha$。同时坡面还可导致风速增大。

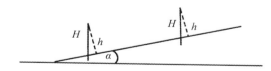

图 3-11　沙障有效高度 h 与沙丘坡度关系示意图

但我们由障间依然会出现稳定的凹曲面了解到，坡度并不影响沙障控蚀机理。而且由表 3-5 数据可知，稳定凹曲面的深宽比(Z/L)依然是小于 1/10。从而也就证明沙障控蚀公式在揭示沙障控蚀机理方面具有代表性。但是有效高度的降低影响其控蚀强度 r。为此在指导坡面沙障设计时，公式(3-5)应改写成：

$$r = H\cos\alpha - KL \qquad\qquad (3-6)$$

因为 $a=0$ 时，$\cos\alpha=1$，所以公式（3－6）含盖了公式（3－5），使二者达到了统一。这样，沙障控蚀公式（3－6）更具备普遍性，既适用于沙丘迎风坡沙障设计，也可用于平坦地表。不过也应指出，坡度在4°以下时 $\cos\alpha$ 接近于1，对沙障有效高度的降低均不超过障高的0.24%，这同其他因素相比微不足道，可以忽略不计。高尚武等《治沙造林学》（1984）以4°为界只考虑4°以上的坡度影响是正确的。由于坡度并不影响沙障的控蚀机理，为了方便在以后沙障控蚀机理的讨论中仍多用公式（3－5）。

四、对沙障理想凹曲面及其深宽比值的思考

公式（3－5）中的蚀积系数 K 很重要。表3－4和表3－5列出了许多 K 值可供选择。K 值之所以重要，在于当 H 为一定时，由控蚀公式（3－5）得知，K 值的大小决定着沙障间距的或扩或缩和扩缩程度，进而影响到障间原始沙面的蚀积强度 r。反过来在间距和障高都一定时，如果测得 K 值较大是凹曲面曲度加深的反映。由实践得知 $K>1/10$ 时，沙障是不稳定的。沙地地形 1/10 定律也告诉我们，高长比或深长比绝对值小于 1/10 的正负地形，都是风沙流容易通行的地形（孙显科等，2006）。所以取 $K=1/10$ 作为判断沙障稳定和风沙流容易通行地形的上限是必要的。这是一。

其次要思考的是，在上限以内，能否将沙障稳定凹曲面深宽比在众所公认的 $K\leq1/10$ 的基础上，再进一步找出最适宜风沙流通过的深宽比。我们注意到，经过风吹时间越久的沙障，凹曲面越趋平缓。多数 Z/L 之比已达到 1/13 以下。现依据表3－5的28个观测数据，绘出图3－12，从中可以看出这些观测数据围绕 $K=1/13.5$ 这条主线上下波动。据此我们认为，选取 1/13.5 深宽比作为风沙流最容易通过的理想曲面是适宜的。选取 $K=1/13.5$ 而不取 1/13.6，这里也含有便于计算因素。

选定理想曲面的深宽比 $K=1/13.5$ 的重要意义在于，当取沙障间距为 13.5H 时，将其值代入 $r=H-KL$ 公式后，$r=0$。这为我们找到了障内沙面不蚀不积的临界点。为以后选择沙障间距提供一个极为有用的参考依据。

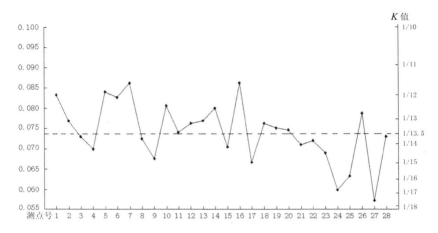

图 3 - 12 沙障理想凹曲面与沙障稳定凹曲面的深宽比

五、结 论

以上第二、三、四款论述了 H、L、Z、r 之间的相互关系，绘出了它们相互关系的图解，探讨了 K 的取值对沙障间距 L 以及障间沙面蚀积强度 r 的调控作用，也推导了沙障控蚀公式，这些综合起来便构成了沙障控蚀理论。

沙障控蚀公式和它的推导过程都比较简单，影响控蚀的其他一些因子，如柴草沙障的疏透度、草头折损率以及不同材质的软硬性能等，在公式中没有包括进来，因此有待于进一步完善。但从总体上说我们抓住了主导因子，抓住了矛盾的主体，对一些非主导因子准备在选择沙障间距时通过蚀积系数 K 的取值进行灵活调整。理论的魅力不在于推导过程的繁简，而在于它能否指导实践，在于它对治沙实践中出现的问题能否给予科学的解释。控蚀理论和控蚀公式在这方面具有实际应用意义。

六、沙障控蚀理论得到风洞实验的印证

1996 年中国科学院沙漠研究所张春来、董光荣、董治宝教授等用风洞实验方法在探讨土壤风蚀量的时距问题时，发觉"同一风蚀事件中单位时间内的风蚀量随吹蚀时间的延续而递减"，"而且风速愈大，递减愈明显"；"若风蚀时间足够长时，则存在极限风蚀量"。他们观测到

的这些表象，同我们在野外观测的沙障内出现的稳定凹曲面是一致的，是风蚀这一事物表现出来的两种不同的形式。一个表现为风蚀量不再增大，最后存在一个极限值；另一个表现为沙面不再下蚀，最后出现一个稳定凹曲面。它们都是特定风蚀系统中出现的稳定性。这种稳定性恰是沙障控蚀的结果，是对控蚀理论的有力印证。我们之所以这样说，是因为这种稳定性在大田中有可能如某些人分析的那样，由于气流挟沙量增加到一定程度，"风能全部用于输运颗粒和克服摩擦阻力，没有多余的风能可继续起动更多的土壤颗粒"。但对于本项风洞实验而言，不存在这类制约因素。W·S·切皮尔（1945）和吴正（1987）都把顺风向地面长度列为众多影响土壤风蚀因子之一，张春来等也认为必须考虑田块长度，他们是对的。同理沙障控蚀公式把 L 作为控蚀因子之一，无疑长度对本实验也具有关键意义。实验土样装在内壁长宽仅为 1m × 0.2049m 的木箱内，初始的净风和后续的净风在如此之短的路径长度内其挟沙量不可能达到饱和，尤其 15m/s 以上的大风速更是如此。因此这一稳定性的出现不是因风能消耗过量而无力起动颗粒的结果。其实四壁合围的木箱，加上其高与土样表面平齐，这本身就是规格为 1m × 0.2049m 露头高度为 0 的格状隐蔽式沙障。它的间距控制着气流吹蚀向纵深方向发展。把木箱长度 1m 代入控蚀公式后，知其最大吹蚀深度不会超过 10cm。所以这个实验实际上也是沙障固沙效能的风洞实验。

沙地蚀积原理表明，沙床表面下蚀同气流输沙具有同步性，它们都受制于顺风向地面长度。所以土壤风蚀量的时距问题也就是沙障的控蚀机理问题。沙障稳定凹曲面形成之际，便是气流输沙量减小到极值之时。两种观测结果完全一致，堪称殊途同归，可以互相印证。

七、沙障控蚀理论的应用

1. 用以指导沙障按控蚀促积性能进行分类

沙障是机械治沙工程的主体，20 世纪 50 年代末它的分类有：按所用材料、设置方法、配置形式、障垾高度和障垾结构分为五种类型，同时也注意到沙障的积沙问题（M·Π·彼得洛夫，1959）。这五种类型在今天人们早已耳熟能详，无需一一赘述。这里要强调的是沙障的第六种分类，即按控蚀促积性能将其划分为固沙型沙障和积沙型沙障（孙显科，1965）。强调这种类型的划分出自以下三方面考虑：

（1）出自对沙障控蚀促积功能的考虑。我们治沙归根到底是解决沙地的蚀积转化问题，而解决地表蚀积转化的手段之一是通过沙障对风和风沙流的控制来实现。控制地表不受风蚀就是"固"，把运动着的沙粒从风沙流中拦截下来就是"积"。按沙障控蚀公式，露头高度 H 是沙障的正态控蚀因子。所以不同高度的沙障必然有不同的控蚀促积效果。根据这个道理，当时我们把露头高度基本与沙面持平的隐蔽式沙障和平铺式沙障以及露头高度在 20~30cm 以下的半隐蔽式沙障划归为固沙型沙障。把露头高度在 75 乃至 100cm 以上的高立式沙障、各种栅栏以及防风墙等划归为积沙型沙障（孙显科，1965），后来把介于两种类型之间的低立式沙障划归为过渡型沙障（见表 3 – 6）。固沙型沙障处于风沙流层内主要是确保流动沙床不再遭受风蚀，或减缓风蚀，因障埂高度小，故积沙作用微弱。积沙型沙障的功能是既能固定流动沙床又能大量拦截

表 3 – 6　沙障类型和多重属性一览表（引自民勤站，1975；作者略有修改和补充）

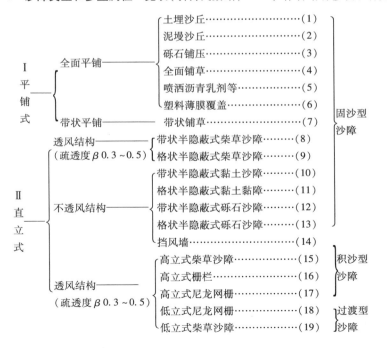

外来的过境流沙，包括阻挡低矮沙丘前移。所以这第六种划分反映了两类沙障各自的基本特性和功能。80年代尼龙网栅兴起，高度有的达到2m，大部分处于风沙流层外。它们的作用在沙源不充足地段以防风为主，固沙积沙处于次要地位（刘贤万，1995）；但在沙源丰富地区积沙、固沙、堵沙、防风等作用，则兼而有之。

（2）出自应用的考虑。如果单纯从固定流沙数量考虑积沙型沙障固然比固沙型沙障优越，但在实际工作中不一定都需要它。这是因为除了考虑成本外，截留外来流沙并非完全有利。例如在工矿区或建筑物附近以及交通线上遇有沙丘前移时，采用积沙型沙障会把来自上风区的流沙积存在保护物近前，越积越高，最后无法根除。前苏联的阿什哈巴德铁路和我国的包兰铁路在修建初期没有经验，都曾在沙区路基两侧因采用积沙型沙障，结果引来大量流沙，反受其害。我们只有区分沙障性能，了解什么地方适宜用固沙沙障，什么地方适宜用积沙沙障，才能避免前车之覆。

（3）出自设置方式的考虑。两类沙障性能不同导致设置地点和设置方式不同。固沙型沙障一般成片设置，往往固定整个沙丘或数个沙丘连片设置。而积沙型沙障主要用以抢占高地、堵截流沙。因为沙障积沙量与所在部位高度的平方成正比。所以要选择高大沙丘的顶部成行成带设置。一般有一两行，两三行垂直于主风方向，最多不宜超过5行，多了浪费。行距一般3～4m，乃至更大些。为了高强度削弱风速也有将其设于风口处。

这样划分的结果沙障又多了一个分类，使得每一种沙障更具备了多重属性。它们的归属关系详见表3－6。

按沙障控蚀促积性能将其分为固沙、积沙和过渡三种类型是一种尝试，也已初步得到应用。这样划分的理论依据还是出自控蚀公式 $r = H - KL$。障埂 H 越高，积沙量 r 越大。

2. 依据控蚀理论选择沙障合理间距

间距 L 是沙障重要控蚀因子之一，它能控制气流俯冲的路径长度。从控蚀公式（3－5）中可以看出，间距的大小直接关系到障间沙面的蚀积强度 r。因此间距以多大为宜一直成为人们探索的课题。

在风沙运动体系中风是促成沙粒运动的原动力。为了抗御风蚀、削弱风速，在单一风向地区多数设置带状沙障，障埂一般都垂直主风方向。只有不透风结构黏土沙障，出于克服障间次生局部气流需要，使障埂微呈弧形（孙显科，1965；民勤站，1975；高尚武，1984；国家林业局科技司，2002）。在多风向地区，宜设格状沙障，让主埂起阻滞风沙流的吹蚀作用，副埂协助主埂阻止气流偏转，起稳定风向作用。无论带状沙障或者格状沙障，设置时除了考虑地区风向而外，在选择沙障间距时还要考虑地形坡度、风力在沙丘上的分布状况、上风区沙源状况、防护需要以及工程成本等因素（沙坡头沙漠科学试验站，1986；民勤治沙站，1975；高尚武等，1984；刘贤万，1995；朱震达、赵兴梁、凌裕泉等，2003；高永等，2004）。在这些方面国内积累了丰富的经验。但最根本的还是考虑沙障对障间沙面的控蚀强度，即把 r 值的大小作为考虑的重点（耿宽宏，1961；孙显科，1965；边克俭，1982；常兆丰，2000）。因此 r 值以多大为宜，需要有一个明确的标准。

前苏联专家 M·Π·彼得洛夫（1959）主张在具有坡度（α）的沙丘上，设计沙障间距（D）时，按障高（H）、用风影法 $D = H\mathrm{ctg}\alpha$ 计算，务使上风向障顶掩护下风向障埂基部不被风蚀。我们认为，如果不考虑成本，加密设置，这当然很好。不过沙障固沙每条障埂都能各自为战，靠的是自身基部驻足牢固，否则即使上风区有掩护，也还是不免倒伏，归于失败。所以风影法只能作为设计参考。近年有人提出："确定机械沙障间距的基本原理是障间风蚀沙量等于积沙量。""沙障间距与沙障高度及沙面坡度共同作用决定着障间风蚀和积沙的状况。在沙障高度和沙面坡度一定的情况下，只有以障间风蚀沙量等于积沙量来确定沙障间距，才能正确反应沙障固沙阻沙的机理，是确定沙障间距的唯一科学方法"（常兆丰等，2000）。在选择沙障间距时首先考虑障间沙面的蚀积强度，并且调查研究了不同坡面上沙障稳定凹曲面的深宽比，指出坡度影响沙障固沙的有效高度，常文勇于提出这些不同见解是难能可贵的。但如果把障间沙量局限于自蚀自积达到自我蚀积平衡作为确定沙障间距的唯一标准，则需要商榷。我们认为障间沙量蚀积平衡只能是多种选择中的一种，而不应是"唯一的科学方法"，或把它作为确定沙障间距的"基本原理"。在沙源十分丰富的区域，在工程设计中倘若满打满算，不为截留外来沙留有余地，则沙障有可能很快被埋，即使不被埋也无法截留过境流沙，这对下风侧防护区(物)都是不利的。所以我们认为根据当地沙源状况，适当缩小间距为截留外来沙留有余地，也是一个原则。此外防护需要以及风速随地形分布等其他一些条件也要予以考虑(高尚武等，1984；刘贤万，1995)。

有鉴于此，著者依据沙障控蚀公式和理想曲面概念，提出"以障间沙面不蚀不积 $r=0$ 为标准，按障高定距，因地制宜兼顾多种因素"作为选择沙障间距所应遵循的原则。根据这个原则，当取控蚀公式 $r=H-KL=0$ 时，$L=(1/K)H$。为了兼顾多种因素，满足因地制宜需要，在此基础上适当调节 K 值，使 $L=(1/K\pm\Delta K)H$。以理想曲面的 K 值等于 1/13.5 作为计算沙障间距的依据，则 $L=(13.5\pm\Delta K)H$。由此可见这个原则也是对沙障控蚀公式的诠释。量化后也便于操作。即在做工程设计时，首先取 $L=13.5H$ 作为沙障的标准间距，它的优点在于此时 $r=0$，障间稳定凹曲面表现为不蚀不积的理想曲面，它可以为截留外来沙留有余地，也为间距的或缩或扩创造了条件。然后再考虑坡度、沙源状况、风力大小、防护需要以及工程成本等各种因素的不同影响，再在 $L=13.5H$ 的基础上确定 ΔK 的追加幅度。一是取 $L=(13.5\pm3.5)H$，将沙障间距的变化幅度定在 $10\sim17H$ 之间。实践证明，这是一般沙障所采用的间距。二是在特殊情况下在已有的基础上再进行外延或内缩，即取 $L=[(13.5\pm3.5)\pm3]H$，这样最小间距可缩小到障高的 7 倍，最大间距可扩大到障高的 20 倍(见图 3-13)。在这些幅度中也包括了障间沙量达到自身蚀积平衡所要求的间距，其值大体为障高的 $17\sim20$ 倍。

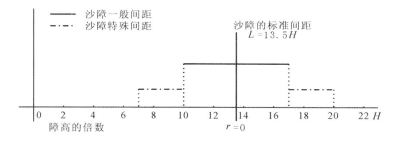

图 3-13 沙障以 $r=0$ 为标准以高定距示意图

八、结束语

（1）沙障控蚀理论是在 А·И·兹那门斯基"沙障稳定凹曲面深宽比不超过 1/10"这一论点的基础上，作者结合治沙实践经过多年研究而形成的。采用障顶和原始沙面两个参考系（而不是一个参考系）来界定 Z 与 r 的区别。控蚀理论有自己独特的推理逻辑，我们结合观测数据、采用图解分析、列出了控蚀公式的推导过程。沙障控蚀理论在回答沙障为什么能够固沙、如何判断沙障是否成功以及如何选择沙障高度和沙障间距等，都有明确的量化指标，对治沙工程设计具有一定的现实指导意义。

（2）H、L、Z、r、K 是构成沙障固沙体系的重要参数。它们之间的相互关系是沙障控蚀理论的基础。其中 H 和 L 是沙障控蚀的主导因子，Z 和 r 是沙障控蚀成效的外在表现。K 是衡量沙障控蚀机理是否得到正常发挥的量化指征。在障高确定以后，K 值也可作为调整沙障间距的杠杆。为了突出主导因子的控蚀作用，做到删繁就简方便实用，有意（也必须）把一些次要因子划到控蚀公式之外。但由于它们在一定程度上也能影响 Z 和 r，所以在选择沙障间距时通过蚀积系数 K 的取值进行调节，以弥补缺少次要因子的不足。

（3）沙障控蚀公式是沙障控蚀理论的具体表达方式。在应用中我们强调 Z 与 r 的区别，要分清 Z、r、H 三者的相互关系，要注意 $L=0$、$H=0$、$r=0$ 以及 $Z=-r$ 和 $Z=H$ 所代表的沙障的特殊性。因为沙障对风和风沙流的各种作用最后总是集中表现在障内原始沙面的蚀积变化上，所以我们特别关注 r 值的大小。沙障控蚀公式就是以障内原始沙面蚀积变化为核心按沙障控蚀因子的功能而推导出来的。

（4）在沙障控蚀作用中，H 与 L 相辅相成的共同作用决定 r 值的大小，所以在考核沙障效能时，二者不可缺其一。因此在做沙障设计或外出学习他人经验时，切忌脱离沙障高度孤立地就间距而论间距。

（5）以修建包兰铁路 1957 年通车为标志，我国以设置沙障为主的工程治沙已经走过 50 余年。怎样选择沙障间距，以什么为标准，应该遵循什么原则，它的理论依据是什么，这些都需要有一个统一的说法。积 50 年之经验，集国内众说之长，著者提出"以障间沙面不蚀不积为标准，按高定距，因地制宜兼顾多种因素"作为选择沙障间距的指导原则。并且主张在确定间距标准问题上要从严，力排众议，务需使 $r = 0$；而在"因在制宜、兼顾多种因素"时则从宽，给 ΔK 以自由度，尽量把各种影响因子包括进来。只有标准从严、在因地制宜上从宽时，才不致于脱离标准太远。这就是宽严并济的优点所在。

第四节　黏土沙障的研制

一、从黏土沙障是否为我国首创谈起

　　1958 年"大跃进"时，民勤县农村用黏土埋压沙丘获得固沙成效。受黏土压沙启发，民勤治沙综合试验站 1959 年开始以黏土为材料制做沙障。民勤站经过大半年选料初铺、一年小试观测之后，又经过 3 年多中试，在中试中，经过改革设计原则、探索沙障控蚀机理、推导沙障控蚀公式、扩大沙障间距，到 1964 年基本上获得成功。此间仅 1962 ~ 1963 年在站区附近 1700 余亩的流动和半流动沙地上连续铺设沙障近 40000m，其中绝大部分为黏土沙障(孙显科，1965)，为站区流动沙丘绿化创造了条件，有力地制止了流沙的入侵。从 1965 年春开始到民勤县农村进行大面积推广，直到 1973 年课题才告结束。前后历时 14 年，换了三班科技人员。1978 年甘肃省民勤治沙站将黏土沙障固沙和梭梭沙丘造林合并成《治沙造林技术的研究》，荣获全国科学大会奖。

　　然而黏土沙障这一成果，从未经过鉴定，它算不算我国首创，在科技人员中存在三种不同看法。一种认为以黏土为材料制做沙障为前人所未有，所以它是我国首创。而且创始人应是首先选用黏土铺设沙障的人。至于铺设后固沙成效如何，他们没有进行观测。第二种看法认为，沙障早已有之，譬如做衣服不能因为布料不同，而称其为首创。黏土沙障与草沙障相比只是材质不同而已，因而不能称其为创造。以上两种看法截然相左，虽然各有个的道理，但作者都不敢苟同。作者认为他们共同之点是都没有足够注意黏土沙障的特殊性，都不完全了解黏土沙障在研制中遇到哪些难题和如何解决这些技术难题的，以为黏土沙障可以一铺而就。为此阐述黏土沙障如何攻克技术难点最后取得成功，或许是有益的。

据王涛、赵哈林(2005)考证，早在 18 世纪初我国陕甘沙区群众就知道用黏土压沙改造沙地。据吴正(2003)、陈广庭(2004)考证，18 世纪 80 年代沙俄在修筑里海东岸铁路时，沙丘表面曾用碎石、黏土覆盖。我国 1958 年才有用黏土大面积埋压沙丘的报道。用黏土改造沙地和用黏土全面压埋沙丘是人类开了利用黏土治沙的先河。但全面覆盖和设置带有间距的沙障对风场的影响有着质的区别。以黏土为材料制做沙障在国内外都史无先例。所以 1959 年来自中亚地区的苏联专家 А·И·兹那门斯基才给予肯定，称黏土沙障是中国首创。并且提示"如果将来障间稳定凹曲面深宽比不超过 1/10 就是成功的沙障。"对此我们认为选材初设只是研制的开始，是迈向胜利的第一步，但选材正确不等于沙障研制成功。科研不同于生产的地方是要有观测数据，要探究它的固沙原理。不观测设置后沙障是否稳定、不研究沙障固沙原理、不排除不稳定因素，就谈不上黏土沙障的成功或首创。于是民勤治沙站从 1960 年开始立项研究。

通过研究得知，材料新只是一个方面，而更为重要的是用这种新材料铺成沙障之后，它的结构和流场特征都不同于柴草沙障，由此而导致它对施工和设计原则都有新的要求。也以做衣服为例，一般的布料都是用缝纫机或手工扎制。而毛衣则用毛线通过编织机或手工编织而成。毛线与一般布料不仅材质迥异，加工过程亦有区别。所以我们认为后者同前者相比它是一种创新。

二、黏土沙障与柴草沙障的区别

障埂驻足是沙障控蚀之本。只有障埂能稳固驻足，风吹不走，沙障才能控制风和风沙流的吹蚀起点、吹蚀长度和吹蚀深度，进而达到其固沙的目的。在这个问题上，柴草沙障通过下端插到沙中，然后再踩实拥沙获得解决。而黏土沙障属于另一种类型，它不是立足于沙中，而是全部暴露于沙面之上，无需拥沙踩实，靠的是土体自身的抗风蚀性能。因此土体有无抗风蚀性为沙障选材的关键。试验结果显示，由片状结构的黏土而制成的沙障具有抗风蚀性，而壤土、沙壤土均无此特性，所以它们不能用来制做沙障。

黏土沙障同柴草沙障不同之点从设置开始即已显露出来。两种沙障的区别请见表 3－7。

表3－7　　黏土沙障与柴草沙障不同之点对比表

序号	对比项目	不　同　点	
		黏土沙障	柴草沙障
1	材　　质	黏土	柴草
2	设置方法	铺设在沙面上	插置到沙面下
3	结　　构	不透风	透风
4	驻足依据	靠片状土体结构	靠插置深度
5	对气流作用	无滤流作用，能阻截抬升全部过境贴地气流	有滤流作用，只能阻截抬升部分气流
6	障埂后涡流	障埂后形成大而单一的回旋涡流	障埂后出现小形分散相互干扰的乱流
7	设计原则	采用双因子原则：既考虑主风方向，又考虑地形要素	采用单因子原则：只考虑主风方向
8	对风向敏感程度	对风向非常敏感，障内容易出现高强度沿障埂吹袭的次生局部气流	对风向不甚敏感，障内不出现沿障埂吹袭的次生局部气流
9	对风力集中的消除方法	改变传统设计原则，改善设置角度	要求左右疏密均匀，在垂向上要少许上疏下密，基部用碎草弥缝

通过以上9项不同之点的对比可以看出黏土沙障的创新之处并非只因材料不同，而是牵涉到障体结构、障内流场特征等多方面，黏土沙障和柴草沙障是完全不同的两个系列。因此设置黏土沙障不是一铺而就的简单问题，而是需要打破传统的设计原则，经过苦心研究才成功的。

三、黏土沙障的流场特征

黏土沙障为不透风结构，柴草沙障为透风结构。结构上的区别是沙障根本性的区别，它引发了不同的流场特征。正如耿宽宏所说："柴草沙障对过境气流有过滤作用，而黏土沙障对过境气流没有过滤作用"。"当气流越过柴草沙障时，有一部分从障埂顶部越过，另一部分穿越障埂，形成许多小型分散的涡旋。这两部分气流在障间相遇互相干扰，显著地削弱气流的载沙能力，部分沙粒被截留下来"（耿宽宏，1961）。所以柴草沙障控蚀促积作用优越，障埂很少遭受风力掏蚀。而气流越过黏土沙障时，由于它"无法穿越障埂，只能在埂前被迫抬升，从障埂顶部翻越，就像水流越过堤坝一样。翻越障埂的气流在埂后不远处向下俯冲，使障间沙面容易受到风蚀。就在俯冲的同时在埂后出现大而单一的回旋涡流"（耿宽宏，1961），构成强烈的涡旋运动（刘贤万，1995）。它能吸引越过土埂的沙粒，使之停留下来形成积沙。这些积沙构成稳定凹曲面的组成部分。两种不同结构沙障的流场特征如图3-14。

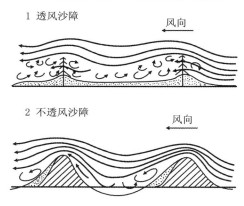

1 透风沙障

风向

2 不透风沙障

风向

图3-14　气流越过不同结构沙障时，障间涡流
结构示意图（根据耿宽宏，1961）

耿宽宏对沙障流场的上述定性分析是准确、精当的。今天我们再次强调两种结构沙障所具有的不同流场特征，其重要意义在于进一步加深我们对国内外治沙学者所说"湍流是一种附加的因素"、"在计算搬运沉积物的数量时，应和风速一起考虑进去"这些结论的理解。很显然，如果我们单纯从沙障对风速的削弱、对粗糙度的增高来判断沙障的固沙性能，就可能得出黏土沙障优于柴草沙障的结论。但是如果我们把不同的流场特征同障内沙面蚀积强度联系起来，就会发现气流场内不同的涡旋具有不同的附加作用。正是这种附加作用，使得柴草沙障固沙性能优于黏土沙障，障内才多有积沙出现，而很少像黏土沙障那样容易遭到风力掏蚀（详见表3-3）。

然而黏土沙障的流场特征还不止于此。在带状黏土沙障内时常出现沿障埂吹袭的局部气流（耿宽宏，1961）也是一个重要特征。而对于这种局部气流的性质和它的产生原因以及如何消除它的为害等，是通过较长时间的研究才解决的。

众所周知，柴草沙障的设计原则主要考虑风向。民勤地区冬春为风季，以西北风和西北偏西风为主害风。夏秋季节为东南风，起沙风频率低，且很少有超过 8.5m/s 的大风（民勤治沙站，1975）。在这种风况下，民勤适宜设置带状沙障。于是根据沙障的传统设计原则，也将黏土埂垂直主风方向。结果发现障间有时出现局部气流掏蚀障埂基部沙面。起初误认为这是障埂没有严格垂直主风方向和间距超过苏联专家规定的 2m 所致。因此有人主张缩小沙障间距、端正设置方向，或者采用格状沙障，试图通过这种办法来解决障间次生局部气流造成的风蚀问题。但是这样做势必增加工程成本，难以推广；而且小间距也未能完全奏效。

能否找出局部气流产生的原因，摸索出消除局部气流的有效办法，进而使带状黏土沙障间距突破 2m 大关，将成本降下来，这些都是关乎沙障成败和能否推广的关键技术。由于国外没有人研究黏土沙障，这些问题的解决便历史地落到了我国科研人员的肩上。

四、沙障控蚀理论与沙障固沙效能的两种测定方法

在机械沙障的研究中，我们一直在探索沙障的固沙原理，以期实践与理论相结合，互相有所补益。在这种探索中，黏土沙障对风敏感度极强，障间容易出现局部气流掏蚀障埂，毁坏沙障，这本是坏事。但敏感度强也为我们研究沙障控蚀理论和应用创造了条件。

既然以障内沙面的吹蚀和堆积作为衡量沙障固沙效能的综合标志，所以在测量障内原始沙面的蚀积变化时，首先要注意：不可把障间出现的稳定凹曲面的深度误认为它就是原始沙面的蚀积强度。其次再讨论如何测定和怎样看待障内沙面的蚀积强度，是否吹蚀深度小的沙障就绝对的比吹蚀深度大的沙障为好，以及允许障内吹蚀达到什么程度就算合格沙障等，都需要有一个明确的标准，给出一个科学的界定。这就需要运用沙障控蚀理论给予解决。

直到目前为止，对障内沙面的蚀积变化有两种测定方法。一种是直观地取障内原始沙面的变动值，例如通过标尺测得沙面下降 15cm、20cm，此值即为障内沙面的吹蚀量。这种直观法不把所测得的数据与其他条件相联系，直接以吹蚀深度大小判定沙障的优劣和成败。另一种

方法是以沙障控蚀理论为依据，把障内沙面的蚀积变化值同障埂高度 H 和障埂间距 L 这两个控蚀因子相联系，不是孤立地追求吹蚀深度越小越好，而是以障内沙面稳定为终极目标，从凹曲面深宽比的 K 值大小上见分晓。在稳定的前提下追求吹蚀量最小。因为障内只有出现蚀积稳定的沙面才是成功的沙障。

在实际操作时 H、L 为已知，凹曲面深度 Z 可直接测得。当采用第二种方法时，可以通过公式（3-4）$r = H - Z$ 先求出 r 值，做到心中有数。但最好是通过公式（3-3）$Z/L = K$ 直接求出 K 值。然后再按兹那门斯基给定的小于 1/10 的深宽比加以对照。K 值越小，沙障越稳定。这些推演求算过程实际是对沙障控蚀公式 $r = H - KL$ 的一种运用。

以上障内沙面蚀积强度的两种测定方法，前者较为简便，读出沙面标尺变化数字即可，因此用者较多。但由于后者涵盖了障高和间距与障内沙面蚀积的相互关系，体现了沙障对风和风沙流蚀积机制的控制作用，并能从量化上显示出沙障的稳定程度，所以我们更注重后一种方法。兹举下列实例将二法作一比较。

在黏土沙障试验初期研究人员在障高 30cm、间距分别为 1m、1.2m、1.5m、2m、3m 的带状和格状黏土沙障内，将用标尺测得的障内沙面的吹蚀量绘成图 3-15。图表曲线直观地展示出 1.5m 以下的格状沙障比同等规格的带状沙障吹蚀深度约小 8~10cm，说明格状沙障固沙效能优于带状沙障。但超过 1.5m 以后，格状沙障吹蚀量陡增，超过 2m 以后格状沙障的吹蚀量反而大于带状沙障。这说明顺风向的土埂有聚风作用，因而 2m×2m 以上的格状黏土沙障固沙效能最次，不宜采用。就带状沙障而言，小于 2m 的沙障曲线走势为高低高，蚀深浮动于 15~18cm 之间，总体变化比较平缓，但超过 2m 后曲线也开始陡升。由此采用第一种测定方法得出的结论是黏土沙障间距应在 1.5m 以内，最大不宜超过 2m。

由于图 3-15 给出的是已知的障间沙面蚀积强度 r 值而不是 Z 值，所以采用第二种测定方法时，需将障高 H 同 r 值一起代入公式 $(H-r)/L = K$ 后，求出 K 值。如此求得 1m 沙障的 K 值为：$[30-(-16)]/100 = 0.46$；1.2m 沙障的 K 值为 $[30-(-15)]/120 = 0.375$。而 1.5m 和 2m 的沙障，吹蚀深度以 16cm 和 18cm 计，则 K 值分别为 0.31 和 0.24。

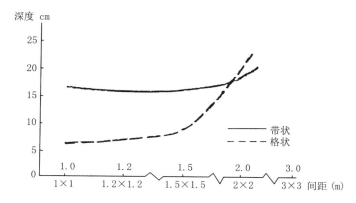

图 3 – 15　不同黏土沙障初期最大风蚀程度（根据耿宽宏，1961）

计算结果 K 值都偏大，说明此 4 种沙障都不稳定。正如当时试验人员所说，"间距的影响不大，沙面吹蚀深度都很大"（耿宽宏，1961）。但相比之下，0.24 远小于 0.46，说明 2m 沙障比 1m 沙障还要相对稳定些。这个结论同用第一种方法得出的结论刚好相反。后来 1m 沙障被毁证实，用第二种测定方法得出的结论是正确的。从中也获知障间出现沿障埂吹袭的局部气流，固然与间距大小有一定关系，但主要症结不在间距的大小，而在于设置角度。尤其在高大沙丘上即使障埂与主风向垂直，也出现局部气流严重掏蚀沙障。因此如何消除障间次生局部气流就成了不透风结构沙障设置中急待解决的一个技术难点。

五、带状黏土沙障设计原则的改进与正确铺设方法

为了查明局部气流产生原因，我们首先将作沙障试验的沙丘迎风坡按上、中、下 3 个部位划为前区、中区、后区，又以纵向中轴线为界划出左右两侧。在铺设障埂时让每条障埂都穿越中轴线。所试验的带状黏土沙障，障埂有直的、有弯的，有的与主风向垂直、有的与主风向呈锐角或钝角相交；所处的沙丘部位也不一样，在迎风坡的上、中、下部，左、右侧皆有。先对障间凹曲面深度进行观测，最后依据凹曲面深宽比 K 值的大小对沙障受风掏蚀原因进行分析。观测数据载入表 3 – 8。

表3–8 黏土沙障的固沙效应与主风交角的关系*（根据孙显科，1965）

测点号	沙障规格	在沙丘上的设置部位	障内凹面深度（cm）	Z/L	与主风交角
1	2m 带状	6 号沙丘左侧中	16	0.08	104°
2	2m 带状	6 号沙丘左侧后	22	0.11	108°
3	2m 带状	6 号沙丘右侧前	40	0.20	74°
4	2m 带状	6 号沙丘右侧前	38	0.19	84°
5	2m 带状	6 号沙丘右侧中	38	0.19	74°
6	2m 带状	6 号沙丘右侧中	18	0.09	94°
7	2m 带状	6 号沙丘右侧后	14	0.07	92°
8	4m 带状	4 号沙丘链左侧后	30	0.075	94°
9	4m 带状	4 号沙丘链左侧前	38	0.095	101°
10	4m 带状	4 号沙丘链左侧前	47	0.118	86°
11	6m 带状	7 号沙丘左侧前	120	0.20	69°
12	6m 带状	7 号沙丘左侧中	103	0.171	80°
13	6m 带状	7 号沙丘左侧后	56	0.093	92°

*1. 本表所列数据系在带状黏土沙障内测得，因为这类不透风结构沙障对风的敏感度甚强。

2. 测量沙障角度时以沙丘纵向中轴线为界，左侧的向左测，右侧的向右测，参考图3–16B和图3–16C。

表3–8 数据表明，沙障与主风的交角应随地貌部位的不同而有所改变。表3–8 中凡属固沙效应好的、深宽比 K 值没有达到 0.1 的，交角大都在 90°～100°之间；反之交角越小于 90°，沙障固沙效应越低。测点 11 与主风交角最小，只有 69°，结果固沙效应最差，K 值竟大到 0.20。一般地说，在单个新月形沙丘上，障埂与主风的交角大于 100° 以后固沙效应即开始下降，但总比小于 90°好些，如测点 1 与 5，9 与 10 等。另外还可看到，处在沙丘侧前（即上部）的沙障应比处在侧中的交角要大些，侧中应比侧后的要大些，如测点 3 与 5，又如 6 与 8，它们虽然角度一样但由于所处部位的高度不同效果也不一样。试验表明下列几种设置方法是不正确的，或不完全正确。

例1，图3–16A，障埂直且与主风向垂直。这种设法对于透风结构的草沙障是对的，如果是黏土沙障，若设在较高的沙丘上，障内势必产生由两侧向中轴线流动的局部气流，掏蚀沙面，风向稍有偏转则必有一侧掏蚀更甚。

主风向

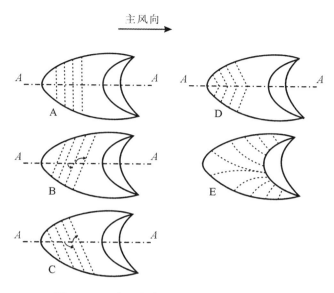

图 3 – 16　黏土沙障不正确设置方法之举例

　　例 2，图 3 – 16B，障埂直，右侧与主风向呈锐角，左侧呈钝角。这类沙障在中轴线 A—A 的右侧部分将在障内产生通向中轴线的局部气流，使沙表受到严重掏蚀；左侧部分则否。

　　例 3，图 3 – 16C，恰与例 2 相反，右侧与主风方向呈钝角，是比较正确的；而左侧与主风方向呈锐角，是错误的。

　　例 4，图 3 – 16D，这类沙障既具备例 2 的错误又具备例 3 的错误，因而完全不对。

　　例 5，图 3 – 16E，这类沙障曾被《治沙研究》第 5 期《固沙造林试验总结》一文推荐过，我们认为值得商榷。无论在沙丘中轴线的左侧或右侧，障埂各点的切线均与主风向成锐角相交，必然有局部气流从沙丘两侧向上部流动，强烈掏蚀沙障。这种设法是例 4 的变型。我们按原图试验结果未及一年沙障全部被风掏毁。

　　总括上述得出的结论是：在单一风向地区设置带状黏土沙障时，采用直线障埂照顾了左侧，就照顾不了右侧。反之，照顾了右侧，就照顾不了左侧。障埂即便垂直主风方向，在高沙丘高部位上仍有局部气流从两侧底部沿障埂向中轴线方向流动。所以在单个新月形沙丘上设置带状黏土沙障时障埂要微呈弧形，以中轴线为对称轴，背朝主风，两端分别撇向沙丘两侧下前方（见图 3 – 17）。这样不致于窝风，能把风顺出去（孙显科，1965）。

以上正反两方面实例说明，黏土沙障不是柴草沙障的复制品。既考虑主风方向又考虑地形条件是黏土沙障的正确设计原则，这也是它不同于柴草沙障传统设计原则的地方。

在实际工作中，沙丘形态非常复杂。而复杂是由简单构成的，为此在设置沙障以前首先要根据风速分布及地貌形态特点把沙丘形态加以解剖，划分出迎风坡的正面、左侧、右侧，

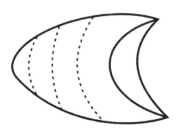

图 3 – 17　带状黏土沙障在单个新月形沙丘上的正确设置方法示意图

两翼的伸延部分，风口，沙丘链链身的折转面；沙垅的头部、迎风侧和垅身顶部等。划分的目的是为了因地制宜地考虑沙障设置角度。在迎风坡的正面和两侧，以及在两翼的伸延部分上设置时，可直接参照单个新月形沙丘的相应部位去处理。风口处，风向比较稳定，风速大，吹蚀力强，输沙量也多，设置时角度可垂直于经常为两侧凸起地形所控制的风向。沙丘链链身折转面的出现，标志着气流在此换向，风向和风速均不稳定，故此处应设置格状沙障。如果为了经济而采用带状黏土沙障时，则间距不宜超过10H，再适当配以竖挡，或设成品字形。

六、结束语

（1）黏土沙障与柴草沙障相比，不仅仅是材质不同，更为重要的是材质不同导致障体结构不同，而结构不同又导致障间出现不同的涡流体系。尤其在带状黏土沙障内出现的次生的局部气流，常使沙障失去控蚀作用，严重掏蚀、毁坏沙障。

（2）黏土沙障对风具有强烈的敏感性。我们利用这种敏感性在黏土沙障的研制过程中验证了兹那门斯基关于"1/10 论点"的正确性。并在此基础上发展了他的论点、推导了沙障控蚀公式、初步创建起沙障控蚀

理论。反过来又利用控蚀理论指导黏土沙障的研制。

（3）针对带状黏土沙障所特有的涡流体系，根据沙障控蚀理论制定了新的考虑双因子的设计原则，要求在铺设带状黏土沙障时，不能像柴草沙障那样只考虑主风方向一个因子，而是既考虑主风方向还要考虑地形条件。这样消除了障间局部气流，解决了沙障被风掏蚀问题。遵循这个设计原则在风向比较单一的民勤地区，障高由初试时的 30～40cm 降到 18～22cm，间距由原来 1～1.5m 为主、最大不超过 2m，试制成功后扩大到 3m，基本上废除了方格沙障。成本降至小试时的 1/3～1/4，得到了推广。

（4）黏土沙障的研制不是柴草沙障的复制，也不是一铺而就，而是有许多独特之处。甘肃省民勤治沙综合试验站走实践与理论相结合之路、走技术创新之路、走技术大协作之路，组织科技人员克服了许多技术难点。黏土沙障研制的成功，是三班技术人员包括来站参与协作的人员共同研制的结果，这种精神值得发扬光大。它的成功不仅增加了沙障的品种，而且使沙障设置技术有了新的发展，在沙障固沙的理论上也有所突破。总观上述，黏土沙障应当是我国的一项创造。

第五节　风力集中与沙障掏蚀的防止

一、再议风力集中问题

前几节我们讨论了沙障的分类、探讨了沙障的固沙原理、探讨了透风和不透风沙障的流场特征以及黏土沙障的诸多特点。所有这些研究都是围绕防风治沙展开的，都与风相关联。风是风沙运动的动力源。风速和风向的任何变化都表现为风力的改变，都将影响沙粒的起动和输移。所以本书第二章第一节第三款通过混合沙输沙率增大的室外试验提出风力集中的论点，并列举峡谷效应、风口翻车、林带断条产生风蚀等实例谈及风力集中的危害。其实因地形地物而改变贴地面风速风向的事例在沙区随处可见：

就大尺度的沙地地形系统而论：

（1）前后两两行平的沙丘链之间，经常出现次生的局部气流，它脱离主体气流,有自己独特的运行方向。这一点通过地面上沙纹的不同排列走向也可以明显的得到证明(如图3-18)。

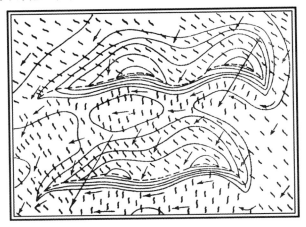

图3-18　沙地地形系统中出现的次生局部气流

(根据 B·H·库宁,1930;引自 M·Π·彼得洛夫,新月形
沙丘链中沙面风浪痕和风流分布示意图,1948)

(2)一个完整形态的新月形沙丘有迎风坡和背风坡,沙丘的背风坡休止角为32°~34°。当有与主风方向相反的起沙风吹来时,背风坡变成了迎风坡。受月芽形弯曲面的影响产生沿陡坡向上蹿的气流。尤其当风速超过9m/s时,在背风坡顶部出现由风和跃移沙组成的粒子流。从沙丘侧向望去,犹如烟囱冒烟一样,沿着原来的落沙坡不停地向空中喷射,高达30~50cm。而后受重力影响又跌落下来。

就小的尺度而言:

(3)任取一块砾石置于沙丘迎风坡中下部(那里的风沙流经常处于不饱流状态),由于砾石秃圆不能完全与沙面整合,导致一部分气流集中到砾石的底部,掏蚀沙面。

(4)由植被构成的连续下垫面能消弱风速,提高地面粗糙度,可防止地表被风吹蚀。但是树冠大的孤立木由于树冠能阻挡气流顺利通过而产生绕流,造成上下左右出现增速。于是人们才有"树大招风"的感知。

以上因受地形地物影响而导致气流变态增加流速的种种表象也许习

以为常或者出于别的原因未能受到重视。其中就黏土沙障的固沙研究而言，虽然找出了解决障间局部气流掏蚀沙障的方法，将带状沙障障埂设成微曲的弧形，但如何从理论高度予以科学的解释和表述仍然没有完全解决。直到 20 世纪 70 年代笔者来到工厂后，看到机械制造业的工程技术人员经常以"应力集中"来解释机械零件断裂原因之后，才感悟到我们在治沙工程中，存在一个"风力集中"问题，才认识到上述的那些表象以及障间出现的沿障埂吹袭的局部气流都是"风力集中"的表现。于是提出"风力集中"一词（孙显科，1982）。"把因受地形地物等外界条件影响而造成的气流流速的骤然增大、变向气流的突然出现以及湍流猝发等现象，统视为'风力集中'的表现"（孙显科，1999）。同时通过对混合沙输沙率增大的论证分析进一步证实，风力集中不仅存在于大尺度地形中，它对沙地的蚀积和风沙地貌的演变起着重要作用；就是在微地形中对沙粒的起动也起着跃移质冲击所无法替代的作用。实验表明，混合沙输沙率增大是风力集中的结果；沙粒的流体起动机理在于风力集中（孙显科，1999）。沙粒两种起动之所以具有优势互补的关系，也与风力集中密不可分。

在风沙运动理论体系中，八纲辩证第一位讲究的就是风速的强弱变化。风力集中可使弱势变强势、强势变更强。"风力集中"论点的提出，从更深的层次上强调了风力对沙粒的直接起动作用，让沙粒流体起动在风沙运动中所起的重要作用得到正名。

二、风力集中是促成沙障掏蚀的关键

"掏蚀"一词是 20 世纪 60 年代初作者在黏土沙障研制中首次提出（孙显科，1965），用以表示这种风蚀与一般性风蚀的区别。在当时文献里找不到出处，提出的依据是实践。但在今天已不陌生，许多文献里可以查到。当时它的涵义是当气流受到斜向障埂的阻挡时，黏土障埂之间产生的局部气流通过强烈涡动将处于障埂背风侧的沙粒从障埂基部吹走。掏蚀与平日所见到的一般性风蚀不同。一般性风蚀通常分为吹蚀（deflation）和磨蚀（abrasion），前者又称为净风侵蚀，后者又称为风沙流侵蚀（吴正，1987、2003）。但无论是吹蚀还是磨蚀，气流总是从沙积物的迎风坡表面、从障埂迎风侧上部开始由表及里地进行侵蚀，而掏蚀不是从障埂迎风侧开始，也不是从障埂上部表面开始，而是先从障埂背风坡的底部开始，从底部对沙床进行掏旋，直到掏空基部沙粒，障体被彻底毁坏为止。刘贤万（1995）称这种风蚀为"反向掏蚀"。据著者初步观察，在新月形沙丘带状黏土沙障内，向中轴线辐聚的局部气流，位于右侧位的，近似电工学的右手法则，以姆指表示局部气流的总体流向，其他四指表示涡旋进行掏蚀的旋转方向；而位于左侧位的局部气流则按左手法则进行掏蚀。是否真的如此，还有待进一步观测和验证。

掏蚀是风力集中的一种表现。风力集中的表现方式常因沙障的材质不同以及设置方法不同而表现为多种多样。黏土沙障障间出现的局部气流只是风力集中表现的一种而已。

用土坯做成的沙障，无论是平铺还是直立设置，它与沙面接触不良，底部常被掏蚀。尤其土坯与土坯之间存在缝隙，缝隙的底部与沙面之间是风力集中之所，最易受到掏蚀。

用三缕（股）花棒枝条编成的辫状平铺沙障，由于材质坚硬也不能与沙面整合而在缝隙处造成风力集中。风力先从没有接触到沙面的缝隙处进行掏蚀，攻其一点而后扩大"战果"，最后将整条障埂架空。

用沙枣枝条做的高立式沙障，由于高达 1m 以上，受风的压力较大，如果上部密集底部稀疏，则基部容易受到掏蚀。

以上事件表明，材质坚硬的沙障，尤其不透风结构的沙障，容易造成风力集中，所以人们多不采用。

一般由草类制做的沙障不易造成风力集中。这是因为草类材质较软，在结构上它是透风的、因而有滤流作用。柴草沙障设置时要求左右排列均匀，适当地上疏下密。下密可以抗风，上疏便于通风，下密上疏可以使贴地气流顺利地通过沙障而不至于在障埂基部出现风力集中。如果出现像沙枣枝条那样因基部稀疏或因障埂高而驻足不稳时可用碎草弥缝消除风力集中。

三、带状黏土沙障障间局部气流成因的破解

毛泽东同志说过："感觉到了的东西我们不能立刻理解它，只有理解了的东西才更深刻地感觉它。感觉只解决现象问题，理论才解决本质问题。"带状黏土沙障的正确设置方法以及它的设计原则，到 1964 年在

实践上基本得到解决，既消除了局部气流，又扩大了间距，开始进行推广，已如前述。但是把实践经验上升到理论高度，还有一段距离。为了回答障埂为什么要根据地形条件设成弓形，我们首先分析了风速在新月形沙丘迎风坡上的分布状况。

根据 1959 年来民勤治沙站参与科研协作的中国科学院地理所徐兆生先生绘制的新月形沙丘风速分布图（如图 3-19）得知，风速在新月形沙丘迎风坡上的横向分布大体以纵向中轴线为对称轴，越往两侧下方风速越小。就总体分布而言大体与等高线相近似。这与我们在高 3m 的新月形沙丘纵向中轴线上观测到的风速基本一致：以沙丘底脚 1.5m 高处的风速作为基数 1，则到中部为 1.2，顶部为 1.35 左右。

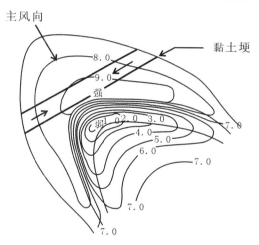

图 3-19　风速在新月形沙丘上的分布（民勤沙井子，单位 m/s）
及障间次生局部气流示意图

（其中风速分布根据徐兆生，1959；引自民勤站资料室，1965。障间次生局部气流示意图是著者后加的，2009）

其次对贴地气流的换向问题进行了野外考察和室外试验。我们知道，当含沙气流越过障碍物时，障碍物后边（下风侧）出现的沙辫和沙纹是风沙流受阻后发生各种变化的最好印记。沙辫的走向告诉我们：

（1）当气流越过与其垂直的渠埂或其他两两平行的土埂时，出现在土埂之间和土埂背风侧的沙辫，它的走向都垂直于土埂，这表明二者垂直正交时没有换向的局部气流出现。

（2）当气流越过与其斜交的两两平行的土埂时，埂间出现的沙辫不再垂直于土埂，而是由交角（入射角）小于90°的一方 *a* 指向交角大于90°的一方 *b*（如图3－20）。这表明斜交可使土埂之间产生换向的局部气流。而且这种次生的局部气流的流动方向当入射角越小时，越能靠近土埂的走向。受这一表象的启示，我们可以利用黏土障埂的排列走向迫使过境贴地气流在障埂间产生换向的局部气流。

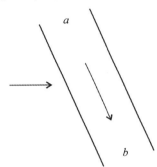

图3－20　土埂方位与局部气流换向示意图

我们的问题是，垂直于主风向的土埂在平坦地表上不出现换向的局部气流，为什么铺设到沙丘上部却一反常态，会同时出现两股局部气流分别从沙丘左右两侧沿着障埂向沙丘中轴线高点辐聚（如图3－19）。而且这种辐聚在越高大的沙丘上表现越明显，以至可使沙障完全失去控蚀机能。这种辐聚已成为带状黏土沙障所独有的特异规律。

为什么会是这样呢？研究表明，原来两两平行的土埂铺设到沙丘表面上以后，便形成一条两帮一底三面密不透风、上面开口的半封闭式的沟槽，这种沟槽具有狭管效应。这种沟槽的特点是中部悬空凸起、两端触地、联结沙丘高低两个区间，呈拱桥形。这种形状是由沙丘横断面形态决定的。空气动力学的原理告诉我们，压力差是空气产生流动的基础。在新月形沙丘上由于风速分布不均，设置垂直于主风方向的黏土沙障后，两两平行的障埂使沙丘高低两端联通起来对过境气流构成狭管作用。根据柏努利方程 $P_1 + (1/2)\rho v_1^2 = P_2 + (1/2)\rho v_2^2$（式中 P 为压强，ρ

为流体密度，v 为流速），低点风速小压强大，高点风速大压强小，故有局部气流由低点向高点流动。这就是说，地形影响了风速分布，设置不透风结构的黏土沙障后，半封闭的沟槽改变了原来的流场状况，在障间高低两端产生了压差，才有局部气流从沙丘两侧向中轴线辐聚（如图 3 – 19）。

　　找到局部气流产生的原因之后，便可利用贴地气流换向方法，调整障埂设置角度，进行对症下药，消除局部气流。这就是说，在沙障的设计中，地形的高差我们是无法改变的，但是基于地形高差而在障间产生的局部气流是能够通过障埂的设置方向而加以调整和消除的。消除的办法就是反其道而行之。例如，在原设计的沙障中有局部气流由低处向高处流动时，这说明障埂与中轴线交角偏小，再设计进行矫正时则应使低处一端与主风的外交角再大些。用障埂的走向造成局部气流向低的方向移动，以消除流向高处的局部气流。反过来，如果原设计沙障内有局部气流由高处向低处流动并已开始掏蚀沙障时，这说明障埂与中轴线外交角过大，则矫正的方法应是使低处一端与主风交角再小些。由于局部气流的流速与障埂设置角度密切相关，所以矫正的强度也是可以通过设置角度的大小进行调整。即局部气流的流速越大，矫正的角度也应越大。

　　以上所述是通过障埂设置角度来调节和消除障间局部气流的原理和方法。在实际工作中不宜等到障埂被局部气流掏毁之后再来矫正错误，而应防患于未然，立足于"早"字。即在设障后的初期，在障内观察沙辫的走向与主风向的走向一致，或者稍许撇向下前方，这些说明沙障设置角度是正确的。如果沙辫走向偏向中轴线，这是设置角度有误，须及早更正。我们从矫正的原理中了解到，消除产生局部气流的设置方法，只有把障埂设成微曲的弧形。弧形障埂的特点是：处于纵向中轴线上的各条障埂的切线均与主风向垂直正交，以中轴线为界左右两支弧线上的各点切线，与主风向的外交角均略大于 90°，只有这种设置方式能够消除风力集中。由于地形越高上下部位之间的压差越大，所以在高沙丘设障时弧线向下前方撇的角度越要大些，但根据表 3 – 8 数据所示，弧上切线与主风向最大外交角不宜越过 104°，即入射角不得小于 76°。

　　从上述原理中可见，在新月形沙丘上把带状黏土沙障障埂设计成弧形是"以毒攻毒"，使两股方向相反的局部气流在障间相互抵消或趋近于平衡的一种方法。

由于消除了障间局部气流，解决了风力集中问题，带状黏土沙障埂高由初试的 30～40cm 降至 18～22cm，间距由 1～1.5m 扩大到 3m，得到了推广。

四、小结与小议

（1）我们讨论"风力集中"，在于它能起动沙粒和输移沙粒。实验和生产实践表明：混合沙输沙率增大，黏土沙障受到掏蚀都是风力集中的结果。

（2）风力集中的反面是风力扩散。有的文献介绍说：埃克斯纳（F. Exner）认为，沙粒脱离地表运动是气流扩散作用的结果。从表象上看，这有一定的道理，大量积蓄的动能在扩散的瞬间被释放出来，带动了沙粒起动。也许扩散的瞬间增加了气流的上升分速。不过我们认为扩散是辐聚达到极点之后的表现，是物极必反的一种反应。从根本上说沙粒运动是风力集中风速增大的结果，而不是气流扩散风速减小的结果。没有辐聚何谈扩散，没有风力集中，扩散就是断源之水。所以，我们认为，随着扩散而表现出来的沙粒运动实是风力集中积蓄动能在前，促使沙粒起动在后的后续反映。从时效上看，随着扩散的继续，不仅会减少沙粒的流体起动数量，而且还会有大量沙粒因风速转弱而脱离风沙流形成停滞堆积。

（3）当前工程治沙中存在的另一个难题是，沙障设置技术落后于国家发展形势，大部分作业停留在原始手工操作状态。制做沙障的材料，许多地区仍以柴草为主。这对植被匮乏、三料（饲料、燃料、肥料）俱缺的沙区，不利于生态建设，而且柴草沙障只能手工操作。为此许多科技工作者都在寻找新的材料制做新型沙障。2008 年中国科学院兰州分院屈建军等与甘肃省相关单位合作，采用 HDPE 新材料利用三针经平衬纬编制出"蜂巢式固沙型沙障"，初试表明防沙效果显著。辽宁省林业厅孙显科研制的"抗多向风三维格状系列聚合物立式穿挂沙障及其制作方法"经国家知识产权局专利局三年审核，已于 2009 年 6 月获国家发明专利。它的特点是：将多张或一整张沙障网片采用折叠、编扎（或黏结、或烫压）的方式，形成竖向网格，解决了格状沙障网壁的相互交叉问题。沙障的网格有方格形、棱形、波纹形、梯形＋三角形、六角形＋三角形，以应对各地各种不同风况之需。以上两种新型沙障，都能替代传统的草方格沙障。如果批量生产，可使治沙产业化向前迈进一大步，而且成本也会成倍降低。

第四章

沙坛纷议辨析

引　言　本章就当今沙坛出现的某些争议问题，列为八节，从十纲辩证角度谈谈个人的浅见。这些争议问题或属于沙粒粒度的分级、或属于风沙运动机理，或属于流沙固定原理，因此它是前三章的延伸和深化。本章认为，受外界条件影响，近地面气流在运动中具有俯、扬，顿、挫，张、弛，聚、散，四类八种相反相成的表现特征。对沙纹的形成不认为完全或主要是跃移质冲击的结果。对鸣沙山形成提出新的山体干扰模式。指出构成气流流速结构的三个分量之比具有此消彼长的关系。确认风沙边界层内还存在一个贴地面的沙流量集中的风沙流边界层。

第一节　浅议沙粒粒度的分级问题

一、问题的提出

在第一章第三节讨论风沙流的特性时我们说过：风沙流是贴近地面的沙子搬运现象，并列举沙粒的运行高度在砾质或沙砾质地表上，一般不超过 2~4m。在沙质地表上多集中在 30cm 高度层内通过，最大高度一般不超过 1m。对于这个结论或许有人怀疑。因为每当沙尘暴来临时，远看天际沙幕腾空，遮天蔽日，瞬间天昏地暗，人都不敢睁眼睛，沙粒的运行高度何止于上述范围。诚然，沙尘暴来临时，气流受不稳定大气、热力因子和地形地物的影响出现强烈涡动，沙粒突然被风卷起，高度有所增高。在砾质地表上，包括悬移质在内，可达 19m（夏普，1964）；在沙质地表上估计最高可大于 1m。即便如此，风沙流也还是贴近地面的产物。

当我们肯定气流因涡动而造成的上升力有助于提升沙粒的起动高度的同时，我们也认为这里边存在着对沙与尘两者界限的误解问题。误把飞扬的尘粒当成了沙粒。对于此事拜格诺早在20世纪40年代初就主张划定界线，把沙粒同砾石、同尘粒严格区分开。

二、拜格诺对砾石、沙粒、尘粒三者界线的划分原则

拜格诺通过颗粒的起动和最终沉速来分别判定沙粒与砾石和沙粒与尘粒之间的分界线。他把颗粒物体放在流体（空气）中，从静止开始沉降。此时作用在沉降物体上的力有二。一个是向下拉的重力，另一个是阻挡沉降物体下沉的流体阻力。这两个力方向相反，因此作用在物体上的净力是二力的合力。向下拉的重力同物体的体积及密度有关；而流体阻力则同顶冲流体的面积、物体的形状及其在流体中的运动速率有关。好比人顶着风跑步，跑得越快，受到的阻力越大一样。物体在空气中起初以重力加速度沉降，但后来随着阻力加大其向下的加速度逐渐减小，直至速度达到一个常数值，这便是最终沉速。最终沉速代表着作用于物体上的重力和流体阻力二者归于相等。合力等于零。拜格诺把沙粒的最终沉速小于平均地面风的向上旋涡流速作为下限。他认为只有这样小的颗粒，才有可能被风吹入空中作为尘粒随风飞扬。

当风的直接压力或者跃移质的冲击力都不足以移动地面上的颗粒时，这就到了沙粒粒径的上限。"高于这个上限的称为砾石"。以上一个下限、一个上限，处于"两个粒径极限之间的任何无黏性的固体颗粒，都可称为沙"（拜格诺，1941）。根据这一定义他把沙的粒径范围定在 1 ~ 1/50mm 之间，大于 1mm 者为砾石；径级小于 0.02mm 者为尘粒，亦称粉尘。实践表明他定的上限值 1mm 偏小。我国和美国将这一界限定在 2mm 处。这个问题，据吴正（1987）介绍：新疆阿拉套山口全年有 155 天出现 8 级以上大风，最大风速常超过 40m/s。常将艾比湖岸上直径 2 ~ 3cm 的砾石吹起，堆成高 30cm 的砾波。陈志平（1963）在新疆古尔图河东岸发现由 1 ~ 2cm 巨砾组成的砾纹，波高 5 ~ 7m，波长 70m。这些都足以证明气流能够使粒径 1mm 以上的砾石产生移动，因而把砾与沙的分界线定在 2mm 处是适宜的。拜格诺划出的上限虽然偏

低，因而已被修改；但他用最终沉速划分出来的下限比较切合实际，小于 0.02mm 的尘粒可以较长时间悬浮在空中，甚至飘洋过海。

三、常见的沙粒粒度的几种分级

拜格诺从风沙物理学角度划分的是沙粒与砾石和沙粒与尘粒之间大的分界线。从事土壤研究的人们对颗粒进行了更细的分级。通常用的粒度划分方法有两种。一种是采用真数，以 mm 或 μm 为单位直接表示颗粒的直径。另一种是采用粒径的对数值（φ）表示。详见表 4－1。

表 4－1　温德华粒度分级与 φ 值关系

粒级名称		粒径(mm)	φ 值
卵砾		$32(2^5)$	-5
		$16(2^4)$	-4
		$8(2^3)$	-3
		$4(2^2)$	-2
沙		$2(2^1)$	-1
	极粗沙	$1(2^0)$	0
	粗　沙	$0.5(2^{-1})$	$+1$
	中　沙	$0.25(2^{-2})$	$+2$
	细　沙	$0.125(2^{-3})$	$+3$
	极细沙	$0.063(2^{-4})$	$+4$
粉沙	粗粉沙	$0.0313(2^{-5})$	$+5$
	中粉沙	$0.0156(2^{-6})$	$+6$
	细粉沙	$0.0078(2^{-7})$	$+7$
	极细粉沙	$0.0039(2^{-8})$	$+8$
黏　土		$0.0020(2^{-9})$	$+9$
		$0.0010(2^{-10})$	$+10$

（引自朱朝云、丁国栋、杨明远，1992）

以上两种划分方法各有所长。用真数的优点是比较直观。但对于研究土壤颗粒以及研究沙尘暴来说，有很大一部分颗粒其粒径在 0.1mm

以下。如果采用真数进行分析，这部分颗粒势必压缩在 0.1mm 以内，因而无法清晰作图，也不便运算。伍登－温德华（Udden－Wenworth Scale）以 1mm 为基数，采用公比为 2 的等比级数来划分粒度。这应了中国的一句古话："一尺之棰，日取其半，永世不竭。"对于粒径为 1mm 的沙粒，如果每取其半，也可无穷地逐级划分下去。这样以之作图，粉尘微粒便有了无限空间，可以突显微粒之间的差异。我们知道，几个 μm（$1\mu m = 0.001mm$）的差异对于砾石径级来说微不足道；但对极细粉矿砂——黏土颗粒来说，这种差异可能会引起质的变化。目前广泛应用的 φ 值是克鲁宾（Krumbein，1934）根据伍登—温德华粒级标准，通过以 2 为底的对数换算而得。其对数式如下：

$$\varphi = -\log_2 d \qquad\qquad (4-1)$$

式中：d 为颗粒直径（mm）。

温德华粒度与 φ 值对照见表 4－1。

四、对我国沙粒粒度分级标准的一点建议

世界各国对沙粒粒度分级标准不相一致。美国把沙的粒径限定在 2～0.063mm 以内。前苏联将其限定在 1.0～0.05mm 之间，其中定 1～0.5mm 为粗沙，0.5～0.25 为中沙，0.25～0.05 为细沙。我国的分级标准较细（见表 4－2）。我国沙漠与沙漠化学家朱震达教授等（1980）认为我国主要沙漠（或沙地）风成沙按机械组成分析，其粒径大多为 0.25～0.1mm 的细沙，平均约占沙物质的 66.78%，最高含量可达 99.38%。粗沙和粉沙含量很低，分选良好，形成两头小中间大的态势。对此，我国制定沙粒划分标准如下。

表 4－2　中国沙物质的粒径划分标准　　　　　　　单位：mm

砾石	极粗沙	粗沙	中沙	细沙	极细沙	粉沙
>2.0	2.0～1.0	1.0～0.5	0.5～0.25	0.25～0.10	0.10～0.05	<0.05

（引自马世威、马玉明等，1998）

我们认为，我国沙粒粒度的划分吸收了国外划分的优点，同时又根据国内沙情做了改进。首先粒度的级差反映了沙物质的物理—化学性质的差异性，在分析技术上具有可操作性，具有数学上的一惯性以及便于

记忆和应用等优点。前苏联将细沙定为 0.25 ~ 0.05mm。而我国为了适应国情，将细沙与极细沙加以区分，界定 0.25 ~ 0.10mm 为细沙，0.10 ~ 0.05mm 为极细沙。这样突显了我国沙物质径级两头小、中间大的特点，满足了分析上的要求，因而是正确的。这样做体现了老一辈科学家自主创新、实事求是的高尚品格。那时我国对沙尘暴的防治和研究还没有提到议事日程，所以对粉沙的划分只定为 < 0.05mm，没有采用拜格诺的 0.02mm 作为界线把粉沙与粉尘分开。换句话说，粉沙定为 < 0.05mm 而不设下限，就意味着粉沙涵盖了温德华粒度分级中的一部分粗粉沙、全部中粉沙、细粉沙和极细粉沙。当然也就涵盖了拜格诺按最终沉速划分出来的粉尘和霾等微粒。因此我们认为把粉沙定为 < 0.05mm，而不设下限是不完备的。这在沙尘暴肆虐的今天，为了对其进行研究，给"粉沙"设下限尤显重要。

因此，我们提出如下建议：第一要在原有基础上给粉沙设下限，有了下限就有了收口。第二是把下限设到哪里。要不要采用对数，取邻级粒度之半？抑或为了便于记忆取 0.01mm？还是与拜格诺的以最终沉速划分原则相接轨？由于颗粒的沉速是颗粒十分重要的动力学特性，最终沉速关系到粉尘颗粒的飘移，因此我们认为按拜氏方案划分具有理论依据。

总括上述，建议我国沙物质粒度划分标准见表 4 - 3。

表 4 - 3　建议中的中国沙物质的粒度划分标准　　　单位：mm

砾石	极粗沙	粗沙	中沙	细沙	极细沙	粉沙	粉尘
>2.0	2.0 ~ 1.0	1.0 ~ 0.5	0.5 ~ 0.25	0.25 ~ 0.10	0.10 ~ 0.05	0.05 ~ 0.02	< 0.02

第二节　风沙流结构测值差异是湍流运动变化无常的附加反应

一、风沙流结构测值差异的种种表现

国内外许多治沙科技工作者为了探索风沙运动规律，对风沙流结构进行了大量有益的研究。本书在第一章第三节对湍流的性质和风沙流结构作了扼要的介绍。作者在民勤治沙站工作时曾用仿苏式聚沙仪测过沙砾质、沙质和淤泥质光板地三种下垫面上的风沙流结构。但是几乎每次测值都多少存在差异。尤其在沙质下垫面上，当接纳口对准沙面后，风一吹沙面就下降，严重时沙面受到掏蚀。而上风向有沙纹赶来时，常常流沙拥塞接纳孔底口。以上两种情况，一个底口高离地表，一个底口陷入地表。因此测得准确非常不容易。因为影响因素太多，所以对下列几组测值出现差异，我们表示理解。

1. 在跃移质的运行高度上

在砾质地表上，拜格诺测得沙粒的最大跃移高度为 2m，而在沙质地表上为 9cm。刘贤万观察到砾质戈壁上沙子最大跃移高度为 2～4m，夏普（1964）发现在沙砾地区 90% 的风沙高度低于 87cm，平均高度 63cm，已知最大实测高度为 6～19m。三个人的观测数值都不一致，而夏普的测值除跃移质外，还含有悬移的颗粒高度，所以他的测值偏高。

2. 在风沙流结构上

马载涛、凌裕泉（1965）测得的 0～20cm 层输沙量为 91.62%（见表 4－4），齐之尧（1978）0～20cm 层输沙量为 84.8%（见表 4－5），刘贤万（1995）测得风沙流中的沙粒有 98% 集中在 0～20cm 高度层内通过。

表 4－4　风速 v = 9.8 m/s 时不同高度气流层内搬运的沙量（%）

高程（cm）	0～10	10～20	20～30	30～40	40～50	50～60	60～70
沙量（%）	79.32	12.30	4.79	1.50	0.95	0.40	0.74

（根据马载涛、凌裕泉，引自朱震达等，1980）

表 4－5　不同高度气流层内搬运的沙量（%）

高程（cm）	0～10	10～20	20～30	30～40	40～50	50～60	60～70
沙量（%）	76.7	8.1	4.9	3.5	2.7	2.3	1.8

根据齐之尧在内蒙古乌兰布和沙漠的观测资料，在 2m 高处，风速为 8.7m/s（引自吴正，1987）

3. 在垂向分布规律上

河村龙马（1953）在风洞和野外发现输沙量在床面附近明显偏离指数分布，有偏大趋势。刘贤万在野外发现床面附近输沙量小于指数分布。而威廉士却始终保持指数分布。于是便出现了三种类型的如下分布图（如图 4 - 1）。图中 u_* 为实验时气流摩阻速度，$u_{0.3}$ 和 u_2 分别为距离地面 0.3m 和 2m 高处的风速。

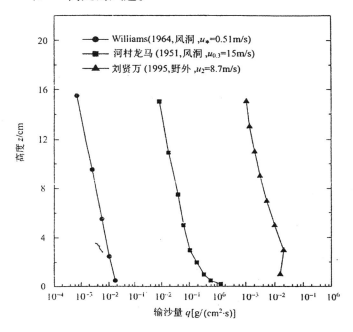

图4－1 实测输沙量三种典型的垂线分布类型

（根据倪晋仁、李振山，2001；引自吴正，2003）

4. 在风速变化与风沙流结构关系上

前苏联学者 A·И·兹那门斯基（1958）在提出"风沙流"这一术语之后，还研究了不同风速在贴地面 10cm 高度层内沙粒在空间的分布状况。他发现随着风速的增大，上层增量（%）相对较大，而下层增量（%）相对较小。反之，风速减弱，上层沙量（%）减少，下层沙量（%）增大。表明沙量向底层聚集，底层容易达到饱和或过饱和而地表出现积沙。并且多数观测比较一致地认为第 2 层含沙量始终保持 20% 左右，见表 1 - 1。我国朱震达、吴正等在新疆野外试验也证实了风沙流上下层含沙量随风速变化的这种规律性，绘图如图 4 - 2。

但是由图 4 - 2 我们看到 3 组不同风速含沙量的交汇点并非落在第

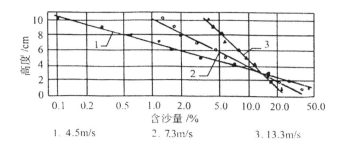

1. 4.5m/s　　　　2. 7.3m/s　　　　3. 13.3m/s

图 4－2　不同风速条件下气流中含沙量随高度分布

（新疆莎车布古里沙漠，引自朱震达、吴正等，1980）

2 高度层内，而是落在第 3cm 层附近；交汇处的沙量也并非占总输沙量的 20% 左右，而是 15% 左右。交汇点的升高以及交汇点气流含沙量的不同，将牵涉到对风沙流结构特征值（λ）的定义和运算等问题。

二、测值差异产生原因分析

风沙流是风、沙、下垫面、沙地地形相互作用的产物。因此风沙流结构测值不一除了前边提到的观测上的操作技术原因之外，下垫面通过各种介质进行干扰都可导致气流流态发生变异。风沙流本身在运行中也在不断的变化，含沙量由亏而盈，由盈而亏，往复循环。近年来，国内外学者越来越多的注意到，脉动对气流输沙具有附加效应。输沙量随风速瞬间增大而增大，反之则减少。而且风速脉动越显著，采用平均风速分析风沙问题所隐含的误差将越大。研究表明，即使十分短暂，脉动与气流输沙量也表现出二者具有相对应的滞后变化特征（如图 4－3）。所以我们认为测值有差异是正常现象。

气流流速的强弱位于十纲辩证之首。湍流的运动状态可直接导致输沙量的变化（如图 4－3），进而波及风沙流结构。我们从风沙流结构的测值不一以及对气流运动的观察了解到：气流在运动中有俯、扬，顿、挫，张、弛，聚、散，四类八种相反相成的表现。受重力作用气流在前进中，先表现为俯冲，而俯冲受到反作用力后又表现为上扬。俯冲可构成动量的积累，上扬多为能量的释放。这一俯一扬我们在田间的麦浪中、在沙丘的沙纹上和砾纹上都能明显的观察到它的存在。当气流受到垂直于地面的障碍物如受到墙体或高大陡立的山体阻挡时，在墙体、山体附近便出现驻点，形成遇阻堆积。遇阻堆积是部分气流停顿的反映。这时气流的另一部分则改变方向绕行。我们认为，在墙体两端产生气流换向、形成弧状积沙，这是"挫"的具体表现。挫，就是指气流换向。在沙区当气流与沙丘脊线不是垂直正交而是以锐角相交时，因受地形坡向的干扰，便产生一部分气流发生转折换向，形成沿背风坡移动的次生局部气流（请参见图3－18）。沙丘迎风坡上常见的地形折转面是气流涡动换向的反应。我们称这些表现也为"挫"。

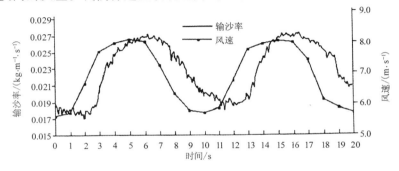

图4－3　输沙率与风速脉动特征

（根据 Butterfield，引自张克存、屈建军、董治宝等，2006）

气流在运行中受到地形、地物等影响后，经常出现不同尺度的辐聚和辐散现象。辐聚导致风力集中，辐散导致风力扩散。湍流的脉动性是气流流速一张一弛的具体表现。有张有弛波浪式前进似乎是一切事物发展的共同规律，而气流的脉动表现尤为突出。张就是风速增大，弛就是风速减弱。俯、扬，顿、挫，张、弛，聚、散，影响着沙粒的起动和输移，影响风沙流的流态和沙地地表的蚀积，而且不同尺度的分子团有不同尺度的影响范围，它们对沙纹和沙丘的形成起着十分重要的作用。最终也影响着人们对风沙流的观测值，导致本节开头所提到的各种差异。

第三节　沙纹弹道成因理论评析

对于沙纹的成因，人们从不同角度提出各种假说，它们可概括为冲击说、分选说和波动说。本节仅就冲击说的弹道成因理论作一评析。

一、拜格诺沙纹弹道成因理论要义简述

R·A·拜格诺在风洞实验中发现有许多跃移沙粒的飞行轨迹长度相当于沙纹的波长，于是他认定沙纹的形成是跃移质冲击的结果。他设想沙纹的形成过程是：由于沙面是由大小不等的沙粒所构成，因此存在着若干微小的、分布没有一定规律的不平整之处。可能由于从某一个小区域中带出的沙粒正好暂时比带进的沙粒多，结果形成了一个极小的洼地。放大后如图 4-4 所示。由于跃移质以极平的、接近均匀的角度对沙面进行冲击，所以在洼地的背风面 AB 上冲击点分离较远，受冲击的次数相对较少，但在迎风面上点子要密集得多，冲击力也较强。因此沿着迎风斜面 BC 向上（运动）的沙粒，要比沿着背风面 AB 向下（运动）的沙粒多得多。（由此）原始的洼地将日益扩大，同时因为 BC 所受的冲击力比下游平整床面所受的为大，因此从洼地外移的沙粒将在 C 点聚集起来。C 点的沙粒逐渐堆积加高后，又形成了第二个背风斜面 CD，后以同样原因又形成了第二个洼地。如此不断地向下风向循环、延伸，就出现了有规则的高低起伏的沙纹。

图 4-4 迎风坡面与背风坡面冲击强度的不同

（根据 R·A·拜格诺，1941）

在这一理论中，认定沙纹形成除了有先有后外拜氏还提出了跃移质特性轨迹的构想。他说，"每一颗跃移中的沙粒从它自地表被逐出的那一点起，一直到再打到地面、逐出另一颗沙粒的地方止，在空气中自有一定的轨迹。尽管这些颗粒轨迹的长度变化多端，然而对于任何风的强度来说，终究存在着一定的平均或特性轨迹。换句话说，从地面某一小面积中所逐出的沙粒，当其降落时，降落在下风距离为一个特性轨迹的另一小面积中的分量，要比落在任何其它面积中的分量多"。在这里拜格诺把跃移质的飞行长度加以平均，冠以"特性"二字，做为跃移质的统一轨迹。自称这是以"假想的轨迹来代替长短不一的轨迹族"。他认

为"沙纹是跃移质与沙床表面重复冲击作用的结果"。并绘成图 4 - 5 以示特性轨迹与沙纹形成的关系。由于跃移质的飞行轨迹酷似弹道，所以人们又称其为弹道成因理论(吴正，1987)。

图 4 - 5 沙纹波长与沙粒特性轨迹长度的重合
(根据 R · A · 拜格诺，1941)

二、沙纹弹道成因理论的特点

通览上述沙纹弹道成因理论具有以下特点。

(1)该理论力排风力起动作用，过度强调跃移质冲击的起动效能。即使沙床第一小块洼地的出现也不曾明确指出它是风力作用的结果，对小洼地的成长壮大以及其余各道沙纹的形成也不提风力作用的参与而只提这些表现是跃移质重复冲击依次向下风区延伸的结果。

(2)该理论突出强调沙粒跃移轨迹的一致性。起先还承认沙床上存在着沙粒粒配不一和地表的不平整性，因而受力后沙粒外移和输入在数量上有多有少，颗粒轨迹长度也变化多端，以致出现小型洼地——沙纹雏形。继而演变到大多数跃移沙粒能落到与沙纹波长大体相当的一个特定的小面积中，这就用多数沙粒的落点掩盖了那些不能落到特定小面积中的少数沙粒。最后进一步推出特性轨迹，用它来代替那些多数虽然能落在特定的小面积中，但长短并非完全一致的沙粒运动轨迹。这最后的一刀切，不仅淹没了大家公认的沙粒运动本身存在的蠕移、跃移和悬移的区别，而且也否定了沙粒跃移所固有的远近高低各不相同的差别和变化多端的轨迹特性(凌裕泉、吴正，1980；杨保、邹学勇、董光荣，1999)。这与沙纹出现之前设定的沙床粒配大小不一等现存条件不符。

(3)所谓跃移质特性轨迹实际是三个相等的轨迹。即在前后沙纹之间①跃移沙粒的起动数量相等，而且冲击与被冲击起动的沙粒要像接力赛那样首尾相接，一一对应；②跃移沙粒起跳高度相等；③跃移距离相等。在拜氏看来，只有这三个相等才能确保冲击动量传递的连续性，只有动量连续传递才能维系各道沙纹的严整形态和沙纹之间的相互距离。这些在图 4 - 5 中已表现得十分清晰、明确。显然，这种传递式的弹道成因理论如果成立，用它指导固定流动沙丘则无需设置大量沙障，只要将第一道沙纹固定就可以了。但实践证明，这样做并不能阻止沙面下蚀，沙丘照例前移。

R·A·拜格诺是跃移质冲击起动论者。他发现的跃移质冲击起动沙粒改变了人类对流体起动沙粒的单一认识，从理念上达到了一个新的高度。他著的"风沙和荒漠沙丘物理学"有许多精辟的见解，成为开创用物理学解释风沙移动规律的先导。半个多世纪以来，他的学说风靡沙坛，对我国影响深远。而采用跃移质三个相等的特性轨迹对沙纹成因的解释，可谓经过凝练使这一学说达到了顶峰。然而过多的简化容易造成失真。真理超越一步，可能变成谬误。在他看来跃移质冲击起动可以代替流体起动，有了沙粒跃移可以不考虑蠕移，视蠕移全为跃移质冲击的副产物。有了理想的特性轨迹，可以不考虑沙粒因受力强度不同，沙床粒配不同等原因而出现的诸多差异性。这些恐怕就是问题的症结所在。

三、实验观测与论证评析

（1）本书第二章第一节第二款（第35页）已评述了沙纹的室外试验的过程；也分析了所得的结果。通过混合沙输沙率增大，提出了风力集中的论点。强调了风力对沙粒起动，对沙纹形成的作用。

在本项实验过程中，首先见到样方表面几乎同时出现许多"〉"状沟痕。这些沟痕大体呈品字型前后错位排列、并非前后对应。而后逐渐伸长并串联成核桃纹状，即便最后形成的条状沙纹，仍保留着前后错位的痕迹。

沟痕即小块洼地，是沙纹的雏形。沟痕产生于跃移质出现之前并错位排列说明小洼地不是跃移质冲击的结果，而是风力早有安排，只是跃移质的出现加速了沙纹的形成过程。这就突出表明，起码在沙纹形成的初始阶段存在风力作用（即流体起动）的参与，而不是跃移质单方面进行重复撞击的结果。

（2）沙纹的形成过程，在跃移质出现之后进入了一个新的阶段。在这一阶段跃移质冲击起动能否取代流体起动从而使沙纹的形成和演变，成为单一的由跃移质以一一对接的三等特性进行重复冲击的结果，对此目前我们仍无法直接查清。但本书表2-2中列出的沙丘前移时迎风坡面蚀积变化的观测数据间接地回答了这些问题。首先根据沙地蚀积原理，跃移质冲击起动属于置换性起动（孙显科、张凯，2001）。——对接的特性轨迹表明冲击的置换率 $n = B/A = 1$，而 $n = 1$ 对地表而言，沙粒的输入量（A）与输出量（B）相等；它标志着跃移颗粒在动量传递中对沙床表面基本上既不构成侵蚀也不产生堆积；整个床面除起点和终点外，全部处于停滞状态，对过境沙粒只起着桥梁作用而已；过境气流的含沙量也将因此而保持常量。其次假定沙粒的起动全部是由跃移质冲击完成的，由表 2 – 2 观测数据得知，沙丘迎风坡下部风蚀为 $n > 1$、上部堆积为 $n < 1$，二者均与特性轨迹所显示的 $n = 1$ 相悖。

沙纹是沙丘迎风坡表面的组成部分，沙丘迎风坡面的或蚀或积是布于其上的相应沙纹在前移中或蚀或积变化的积累。沙粒置换率在沙丘下部和上部都不等于 1 以及沙丘上气流输沙量随路径延伸而增大（张春来等，1999）的事实，都证明多数跃移质冲击不具有一对一的三等特性。气流输沙量随路径延伸而变化也证明，风力起动作用不仅在沙纹形成之初，而且在沙纹的后续演变中也是跃移质冲击所无法取代。新的研究表明由于沙粒跃移的双重性导致流体起动和冲击起动具有兴衰与共的关系。在气流含沙量处于不饱和状态下，两种起动可以优势互补，促进地表风蚀。在饱和或过饱和状态下，由于跃移质消耗风能过多致使沙粒两种起动强度都受到衰减，地表出现堆积（孙显科、张凯，2001）。这个结论对沙纹的形成和演进也适用。

（3）野外观测数据表明，沙丘前移伴生着沙粒分选（详见表 2 – 1）。细沙多分布于沙丘上部，粗沙多分布于沙丘迎风坡低部。这说明，细沙不仅起动的机率多于粗沙，而且其在空中的跃移距离也大于粗沙。否则细沙不可能"走"在粗沙的前面。但如果以沙纹波长的长短定为沙粒跃移轨迹的长度，则由粗沙组成的沙纹因波长大于细沙沙纹而被判定粗沙的跃移距离反而大于细沙。显然这不仅违背常规也与沙粒分选规律相矛盾。

沙丘和沙纹在前移中出现沙粒分选和粒配重组以及我国学者的摄影观察，都证明沙粒的起动和运移均具有多样性，而拜氏所表述的跃移质冲击特性轨迹却与此相背，他追求的是沙粒起动和运移的单一性。期冀于以单一的特殊性取代普遍存在的多样性。

（4）拜格诺曾将不同粒级的沙粒分别染上不同的靛油颜料。然后混拌在一起铺成沙床。在风洞里风吹过后，颜色混杂的混合沙，色泽又重现出来。沿着沙纹斜坡变成一条条极明亮的带子，犹如地图上成层的等高线一样。

对于颗粒这种按粒级分离，拜格诺认为："是由于跃移质在驱使不同粒级沙粒以不同的速度沿着迎风坡面上行时，作用有所不同的关系。较小的颗粒常被打过波峰，带入波谷，或者甚至到波谷的下游，然后才停下来；较大的颗粒则一旦当地表角的改变减低了冲击作用的强度以后，便立刻在波顶停留下来。"

拜格诺这段对沙粒分选做出的解释仍然只字不提流体起动作用，认为分选全部是由跃移质冲击完成的。与前面不同的是这段解释超脱了由他自己提出的跃移质特性轨迹的三等原则，不再强调冲击和被冲击之间沙粒运动的一致性，而是直面现实转向承认冲击"作用有所不同"和"不同粒级沙粒以不同速度上行"。我们认为拜氏这种以差异为基础的解释是正确的。但它不仅适用于跃移质的冲击起动，更适用于流体起动。因为在沙粒的起动分选中，跃移质冲击只具有随机性，而风力起动则具有天然的分选性（董光荣等，1991；孙显科、张凯，2001）。粗细相间的混合颗粒由于相互嵌合可以抵御跃移质的冲击起动，从而降低跃移质的冲击起动机率；与此相反，混合沙能造成风力集中，促使细沙优先起动（孙显科、郭志中，1999）。所以我们认为沙纹在形成过程中表现出来的颗粒按粒级分离主要是风力作用的结果，而跃移质冲击起动对沙粒的分选相对地居于次要地位，更不是跃移质冲击单一作用的结果。

（5）在本书第二章第四节第二款有关沙地地形的野外实验中，曾在高5m新月形沙丘迎风坡中部将三道沙纹改形，依次设置凸、平、凹三个样方，进行观测（详见本书 62 页）。按拜氏三个相等的特性轨迹原理，在起沙风速下，由于跃移质冲击，这些样方的下风区应产生相似的对应形态。然而观测的最终结果是，下风区并未出现对应形态，而人为的凸、平、凹 3 种样方形态均不复存在，沙丘表面又重现了原有的、有规则的沙纹排列。沙纹的这种自修复功能证明，用特性轨迹理论解释沙纹的形成是牵强的。与此相反，凸、平、凹三个形态的消失说明，在贴地含沙气流与沙质地表的相互作用中，沙纹使二者的摩阻和形阻都减小到最低；沙纹是小尺度地形便于风沙流通过的最佳适应形态；沙纹是沙粒群体有序移动的最小组合单元。在贴地夹沙气流与沙质地表的相互作用中，风沙流是主动方，沙质地表是从动方，其中贴地气流是这一矛盾的主要方面。地表出现有规则的沙纹，主要是贴地气流在前移中具有周期性脉动特征的反映，而不是跃移质冲击特性轨迹的重演。

（6）拜格诺在他的经典著作中，把风、跃移质、地表颗粒粒配、局部地形起伏和风沙运动状态作为影响沙纹形成和发展的五大主要因素。他在指出各要素作用的同时，又说"困难在于整个现象不是由于一个主要因素所造成，而是由于一系列的因素，通过不同的组合，造成的不同结果"。我们敬佩拜氏的洞察力，非常赞赏这种多因素不同组合的全局观点，并把这种观点作为本书立论的理论基础。这种观点比单纯一对一的弹道式冲击起动接近实际。但在赞赏之余我们也再次注意到，拜氏在解释风这一主要因素的作用时，他只提及风是"跃移颗粒由之取得主要的动力来源"，并不提及风对沙粒的直接起动作用，而把"引起地表颗粒运动"的功能划归于跃移质冲击。而我们主张沙粒两种起动兴衰与共。也许正是这一基本观点的不同，由此而引发出本节所列举的一系列差异。

四、结束语

（1）沙纹虽小却是风沙运动规律的有机组成部分。它的形成和发展涉及沙粒的起动、输移、分选和集聚四方面的机理。因此在讨论沙纹的成因时，不宜孤立地就沙纹论沙纹或就跃移质而论跃移质。而应把它们放到风沙运动的大环境中去考察它们的作用，将其同风沙运动的普遍规律，即同公认的沙粒具有蠕移、跃移和悬移三种单体运动方式联系起来，同沙粒两种起动的不同性质以及两种起动对沙粒的分选，对地表蚀积转化的影响等联系起来；不可只顾其一而不顾其他，以致与这些普遍规律相割裂。

（2）沙纹是沙粒进行群体有序移动的最小组合单元。沙纹问题说到底是沙粒如何通过组合进行群体移动的问题。而沙粒群体移动，不论是输移、分选和集聚哪一环节，都发端于沙粒的起动。因此在探索沙纹的成因时，诸家都不约而同地把研究的中心集中到沙粒的起动上。根据沙粒两种起动的相互关系，我们认定沙纹的形成主要是贴地气流和风沙流与地表沙物质之间作用与反作用的结果，沙纹呈波状是它们在相互作用中贴地气流一俯一扬波浪式前进的反映。

（3）在沙丘上，以沙纹运动为基础的沙丘移动，无论风蚀区或堆积区置换率 n 都不等于 1 表明，沙纹的形成和运动并不是单纯的只由跃移质对沙粒以三等形式——对接进行反复冲击起动的结果。沙粒两种起动关系证明，跃移质冲击起动对沙纹的形成和运动有其积极促进的方面。然而弹道成因理论过分夸大跃移质冲击起动作用，否定两种起动优势互补兴衰与共关系，因而有失偏颇。过分夸大跃移轨迹的同一性，否定跃移的分异性，因而失去风沙运动的多样性。两个否定导致沙纹弹道成因理论不符合实际，最终也否定了自己。这应了"过犹不及"的中国古训。

第四节　对敦煌鸣沙山成因的猜想

一、鸣沙山研究的成就与现状

鸣沙山是典型的金字塔形沙丘。所以对金字塔沙丘的研究成果有助于我们研究鸣沙山成因。众所周知，金字塔沙丘成因有多种假说。一种是早年法国学者 Cornish 提出的由对流过程而形成的上升气流的作用。他的功绩是强调气流的上升作用。前苏联学者 Б·А·费多罗维奇不同意法国学者把金字塔沙丘的形成"仅仅是由于上升气流，即就是对流过程引起的"。他认为是"从山体障碍物而反射回来的风形成气流波干扰的结果"。这就是著名的山体干扰说。他给我们的思路是放开眼界，到周边外界去寻找更大尺度的地貌环境对当地气流场的影响。此外还有人提出金字塔沙丘形成在振荡气流的驻波节处等。其实振荡气流的驻波何尝不与山体干扰有关。所以我们认为假说主要有两种。

我国专家学者对国内金字塔沙丘形成的地貌环境、沙源条件和风信状况等进行了大量研究。既有野外观测调查，也有风洞模拟实验。尤其敦煌鸣沙山，因其对莫高窟这个世界文化遗产构成威胁而受到更多的研究。朱震达教授等最早指出，金字塔沙丘的形成发育条件是多向风及其风力近似的流场特征和不同尺度地形条件的影响。其后众家一致认同：

金字塔沙丘分布于山前在我国是一个基本规律（屈建军、凌裕泉等，1992）；多方向风信且风力相差不大是金字塔沙丘赖以形成的动力条件。据凌裕泉等研究，鸣沙山位于敦煌县城西南，相距仅 25km，但县城主风为西风，次主风为东风；而鸣沙山却变为西偏南风和东偏南风，且出现了南风（凌裕泉、刘绍中、吴正等，1997）。他们的观测还表明，三股风的出现频率尽管有所不同，偏西风占 28.07%，偏东风 20.83%，偏南风 47.93%。但由于风力强度和沙源状况不同，偏西风输沙强度占 31.92%，偏东风占 30.54%，偏南风占 35.32%（凌裕泉、刘绍中、吴正等，1997）。这就从定量分析上证实了朱震达观点的正确性。但是三股输沙强度相等的气流是不是就能塑造出坡面为 25°～30° 的棱状沙脊呢？1/10 定律告诉我们，没有超大比例的上升分速是不可能出现如此高陡的坡面。从屈建军、凌裕泉等所测绘的沙纹走向可以看出，无论迎风坡，还是背风坡都有气流斜向上行（如图 4-6）。对此凌裕泉、刘绍中、吴正等（1997）断定，鸣沙山地处气流场辐合区。更为可喜的是他们把气流场进一步划分为主体环流和局地环流。并认为"局地环流是在主体环流作用下"加上其他因素才能发挥作用。从而解决了气流的不同属性和它们之间的主从关系，这是认识上的一次飞跃。以上种种，是我国学者从多角度对金字塔沙丘成因学说的补充和发展。不过也应指出，气流为什么会向高空作垂向辐合，这个关键问题还没有解决。所以我们的讨论又回到了原点——探索上升气流产生的原因。

二、鸣沙山气流场特性及局地气流产生原因的分析

对费多罗维奇山体干扰说有人赞同，有人不赞同。赞同者中根据"山体反射回来的风（所）形成的干扰波"，一种认为金字塔沙丘的形成是气流遇阻后减速积沙的表现，另一种认为是遇阻后产生绕流堆积的结果。而不赞同者认为，上述两种干扰都是"单风型观点"，这与三个棱面所对应的三股风况不符。于是提出局地环流是山地和盆地间因热力差异所形成的山谷风。认为鸣沙山局地环流的南风是山谷风。我们认为，说上述两种干扰是"单风型观点"，是击中了对干扰说两种解释的共同弱点。事实上遇阻堆积和绕流堆积往往产生沙垄或抛物线型沙丘，而不是金字塔沙丘。但是不能因此就全盘否定山体的干扰作用。同样山谷风

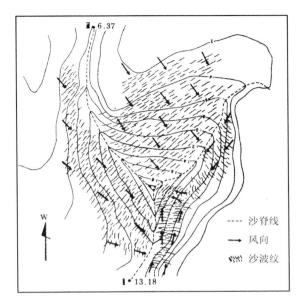

图4-6　金字塔沙丘沙纹测量图

（引自屈建军、凌裕泉等，1992）

说也存在着弱点。首先局地环流是主体环流的伴生物，并非完全是热力差的产物。鸣沙山偏西和偏东两风出现频率之和为48.90%，而偏南风为47.93%，几与主体环流持平就是伴生的有力证明。更何况在沙区地表裸露，即使存在局地热力差，在风天一经气流传导，也会很快消失。此外，山谷风通常具有定时返流的特点，如果白天是南风，夜间便出现北风。而鸣沙山区没有北风出现的观测记录。所以山谷风一说也不能服人。因此关键是找出鸣沙山形成过程中，山体是如何发挥其干扰作用的，需找出另外的干扰模式，而不拘泥于费多罗维奇提出的"反射回来的干扰波"。

60年代初作者两次到鸣沙山考察，亲见25°～30°高陡的坡面和面与面相交而成的"脊如刀刃"（敦煌县志语）的沙脊。从沙纹与脊线约成100°～120°左右的交角得知，那里的气流不像在一般沙丘上径直前行，而是沿着坡面与脊线成30°左右交角，斜着向上攀行。越过脊线后气流反转仍然斜向上行，仿佛上空有一股吸力，促使气流斜着向上流动，对此当时百思不得其解。后来利用黏土沙障固定沙丘时，看到障间有局部气流出现，它不是顺着主流风向前进而是沿着障埂由沙丘两侧基部向中轴线辐合，强劲时可把沙障掏毁。事可类推，从这股次生气流的出现中我们才有所感悟。

三、对鸣沙山成因的猜想

原来黏土沙障属于不透风结构。当带状设置时，按传统设计原则障埂垂直于主风方向，前后两两平行，这样在沙丘上便形成了中间凸起、两端低垂触地的拱形浅槽。又由于气流流速在新月形沙丘上的分布大体与等高线相近似，所以位于沙丘两侧基部的风速小，而位于顶部和中轴线上的风速大。风速一大一小在浅槽内出现了不同的压强。于是便产生了局部气流。可见局部气流的出现是狭管效应的反应（详见图3-19）。

敦煌南北多山，山势南高北低，东西狭长是季风的通道。境内有党河、疏勒河汇入，构成海拔为1000m的内陆盆地，大量原始沉积沙作为沙源。鸣沙山处于盆地的南端，北部地势相对开阔平旷，唯其南部紧依祁连和阿尔金两大山脉的北端，东西两侧山崖对峙，中间为低洼的峡谷，有大泉河穿过。这种地形是产生狭管效应的基础。又由于两侧的山体由海拔1200m增至3000余m，兼有三危山突兀而立，使鸣沙山处于狭管控制之下。两个山脉最高点风速最大，压强最小，因而它对周围处于低谷的高压区气流产生"吸力"，进而形成垂直辐合区。这就是敦煌西向主风和东向次主风在鸣沙山上空都向南偏移，并有次生南风生成的原因。重复地说，鸣沙山区之所以出现风向偏移，以致主体环流和局地环流都能斜向上升，构成垂直辐合流场特征，主要起源于鸣沙山南部两侧山体耸峙，山顶可以集流，形成超低压区和峡谷地形在风天发挥狭管效应的共同结果。

四、结 论

（1）敦煌鸣沙山的形成是多向风因受到山体干扰而向高空垂直辐合的结果。多向风垂直辐合是鸣沙山形成的必要条件。而造成气流垂直辐合的原因要到远高于鸣沙山的外界山体地形中去寻找。当地南向局地环流的出现主要是两个主体环流受山体干扰的副产物，而不是局地温差产生山谷风的反映。

(2)当主体环流与单列山体垂直正交时，容易产生遇阻堆积或绕流堆积。这种干扰模式所产生的单向型风很难形成金字塔形沙丘。鸣沙山属于另一种山体干扰模式。

(3)当主体环流与双列平行山体或多列复合型山体垂直正交时，在高大的山体顶峰存在低压区；而山体之间的峡谷和外部低洼地形属高压区。山体并列可以构成狭管效应。只有满足这些条件高低两个压区才能促成主体环流和由它所引发的局地环流一起形成垂直向辐合区。是垂直辐合使气流垂直分速与水平纵向分速之比打破 1:5 常规，改变了沙地地形 1/10 高长比，进而从三个方向塑造出鸣沙山。

第五节 对沙障控蚀理论中 H、L、Z、r 相互关系的再分析

一、探讨四个因子相互关系的必要性

设得正确的沙障，无论是透风结构的柴草沙障还是不透风结构的黏土沙障，经过一段时间的风吹沙打以后，障间出现一个稳定的凹曲面。这个稳定凹曲面的深度(Z)与沙障间距(L)之比(也称稳定凹曲面的深长比或深宽比)一般都不超过 1/10。这些在今天已近乎老生常谈。但我们通过有的几何图解和数据分析看出，稳定凹曲面同 H、L、Z、r 这几个相关因子的相互关系在治沙界仍然存在不同的看法，例如：

(1)稳定凹曲面深度 Z 与障内原始沙面风蚀深度 r 的关系。二者的几何尺寸是否相等？在什么情况下二者相重合，在什么情况下不完全重合？重合是否就是二者之值相等？

(2)稳定凹曲面深度 Z 与沙障高度 H 的关系。二者之值是否相等？在什么情况下二者之值相等？在什么情况下二者之值不等？

(3)沙障稳定凹曲面最大深度 Z、沙障最大风蚀深度 r 和沙障高度 H 这三者之间存在不存在三等关系？

在这些问题上持有不同看法，表明我们对沙障通过稳定凹曲面所体现出来的控蚀性能还有不同的理解。因此有必要结合实例再度加以讨论。

朱震达、赵兴梁、凌裕泉、王涛等教授著述的《治沙工程学》(以下简称《工程学》)(1998)是我国治沙科学的又一部力作,特别是第四、五、八、九各章全面分析了我国的风沙环境、所采取的植物治沙措施,以具体实例指出我国治沙工程的基本模式以及今后应注意的问题等。内容丰富、翔实,是新中国建国以来从治沙工程的理论与实践相结合的高度进行系统的总结,具有很强的指导意义,面世以来受到同行赞誉,作者学习后受益良多。其中由凌裕泉研究员执笔的第六章第一节关于沙障固沙理论分析部分的图解连被其他专著所引用。但我们认为有些论点(并非全部论点)的提法和看法值得商榷。现将原文用楷体摘要转载如下:

"在新设置的草方格沙障上……经过充分蚀积作用,最后形成较为光滑而稳定的凹曲面。其平均最大深度与沙障边长之比均保持在1:10的范围之内,其比例关系从图6−4(即本书图4−7,下同)的理论分析中也可得到说明。

由图6−4,可以求得草方格沙障最大风蚀深度(即稳定凹曲面的深度,h值)与方格边长(L)的关系如下所示:

$$h = 0.5 \, L \, \mathrm{tg}(\alpha/2) \tag{1}$$

式中:α 为干沙的休止角,平均为32°,实地调查,α 的平均值为28.6°。按此角度由(1)式求得1m×1m的方格沙障的h=11.4cm,此值与方格沙障边长之比约为1:9,与实测结果相近,出现这种微小差别的原因是在作α值实地调查中,α值有偏大的趋势。也就是说,α的实际值应小于28°。"

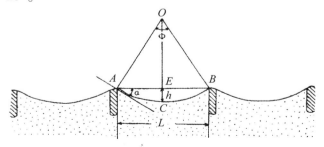

图4−7 草方格沙障最大风蚀深度(h)与方格边长(L)
之间的关系图解(录自《工程学》图6−4)

我们在学习这段理论分析之后认为，原图 6 - 4 具有创意，图形新颖清晰，但也存在不足。从原文叙述中我们了解到，原作者对沙障稳定凹曲面 *ACB* 有三处谈到 *EC* 与 *AB* 之比。但前后提法不一。为了醒目，把这三处重点用楷体字加点的办法予以标出。

1）平均最大深度与沙障边长之比保持在 1：10 的范围之内。这里把 *EC* 作为障间凹曲面深度 *Z* 看待是对的。

2）由图 6 -4，可以求得草方格沙障最大风蚀深度（即稳定凹曲面的深度，*h* 值）与方格边长（*L*）的关系……。这里把 *EC* 看成障间沙面最大风蚀深度 *r*，并且认为 *r* 即凹曲面深度 *Z*、即障高 *h*，从而把 *Z*、*r*、*h* 三者之值完全等同合一了。

3）图题也把 *EC* 与 *AB* 之比称为沙障最大风蚀深度（*h*）与方格边长（*L*）之间的关系。再次肯定 *EC* 为沙障最大风蚀深度（*r*），且 *r* 即为障高 *h*。

以上三处说法中，认定 *EC* 为障间稳定凹曲面最大深度 *Z* 是正确的。而另两处说法都认定 *EC* 为障间沙面最大风蚀深度。而且在原文中不用 *r* 代表沙面蚀积强度，这表明他们认定最大风蚀深度就是稳定凹曲面深度，这是值得商榷的。这样就出现了本节开头提到的三个问题，现分析如下。

二、*Z*、*r*、*H* 不存在三等关系

1. 障间原始沙面蚀积强度（*r*）和稳定凹曲面深度（*Z*）是两个不同的概念，不可混淆

为了说清障间原始沙面在设障后的蚀积变化，作者 1965 年提出障间原始沙面蚀积强度 *r* 这一概念，以便和沙障稳定凹曲面最大深度（*Z*）相区别。*Z* 与 *r* 是两个不同的概念。这在沙障控蚀理论的推导过程中已有明确的界定（详见表 3 - 4 和图 3 - 10）。重复地说，二者不同之点有二：一是参照系不同。凹曲面深度 *Z* 是指凹曲面最低点到相邻两障埂连线的距离，是以障埂的顶点为终端而计算的。而障间沙面蚀积强度 *r* 是从设障时的原始沙床表面起算的。*Z* 与 *r* 起算的参照点一个在障顶，一个在床面，两个参照系的高差恰为沙障的高度 *H*。详见图 3 - 10。二是 *Z* 和 *r* 的取值范围不同。凹曲面深度 *Z* 由底部向上量，没有负值；而

障间沙床表面的蚀积强度 r 却有正负之分。在风蚀时由原始沙面向下量，r 为负值，代表障间最大风蚀深度；在积沙时由原始沙面向上量，r 为正值，代表障间最小积沙厚度。由于沙障间距和沙障高度在设计时取值不同，障间原始沙面有时积沙、有时风蚀、有时表现为不蚀不积。为了适应这种变化我们令 r 代表障间原始沙面的蚀积强度。而《工程学》认定稳定凹曲面最大深度即是沙障最大风蚀深度，且令它们都等于 h，并在原图 6-4 的图题中以最大风蚀深度与边长之比取代凹曲面深度与边长之比。这就混淆了 Z 与 r 的区别，也混淆了 r 有正有负或者为 0 的多重属性。

在沙障固沙中，由于 r 只有 >0、<0 和 $r=0$ 这三种可能性，把这三种可能性分别代入公式(3-4)$r=H-Z$ 后，任何两个因子相等都不等于第三个因子，因此都不存在 $Z=r=H$，从而在理论上否定了三等的可能性。现在通过解读原图 6-4，再从实践上予以论证。

2. 对原图的解读

在读沙障剖面图时首先要找出障间原始沙面的位置。只有找出原始沙面的位置才能知晓 r 值的大小。由于原图 6-4 没有绘出原始沙面位置，所以只能根据两种不同的原设条件，采用两种推理方法进行解读。

(1)按原文开头所说："沙障稳定凹曲面的最大深度即障埂高度 h"来理解，知 $EC=Z=h$。这说明原始沙面位于障埂基部，且与凹曲面底点 C 相重合，否则 EC 不会等于 h。这样一来，EC 在原始沙面以上，说明它不是负值，所以 EC 不能代表沙障最大风蚀深度。从而也就否定了稳定凹曲面深度即沙障最大风蚀深度的假设。按本书公式(3-4)$r=H-Z$，当 $Z=H$ 时，$r=0$。而 r 为 0 也说明此时障内不存在最大风蚀深度。说明此时障内沙面处于不蚀不积状态。

重复地说，在公式(3-4)$Z=H-r$ 中，在 $Z=h$ 条件下，我们在原图 6-4 中只见 $H(h)$ 和 Z，却看不到风蚀深度 r。而没有 r，实际是 $r=0$，这也再次表明 $Z=H\neq r$。

(2)如按原文"沙障最大风蚀深度即稳定凹曲面深度"来解读原图，则 EC 既是沙障最大风蚀深度，又是稳定凹曲面最大深度。这说明原始沙面位于障埂顶端，AEB 代表设障前的原始沙面。由于 r 在原始沙面以下为负值，所以两个凹曲面即便完全重合，二者之值也不相等，而是 Z

= -r。由此也可以看出 Z 与 r 是两个不同的概念。将 Z = -r 代入公式（3 - 4）r = H - Z 后，H = 0。而 H 为 0 表示障埂全部插入沙床，高与床面平齐。按沙障控蚀公式第六条涵义，这种露头高度为 0 的隐蔽式沙障与图中原设障高 h = EC 相矛盾，也与原文给出的 h 为 11.4cm 不符。所以按第二种假设更是难以读通。

3. 小 结

总之，以上缺憾之所以出现，都源于对 Z 与 r 未曾注意区分的结果。由于 Z 与 r 相混淆，在原图中找不到原始沙面位置，只好依据原文相互矛盾的两种假设条件采用两种读法。采用第一种读法，当取 Z = h 时，则原始沙面在障埂基部，故 r = 0。采取第二种读法，当取 Z = -r 时，则原始沙面处于障埂顶部，因此露头高度 h = 0。两种读法都反复证明，Z、r、H 三个因子之间不存在《工程学》提到的"沙障最大风蚀深度即稳定凹曲面深度即 h 值"这样一种三等关系。

综合上述，沙障固沙中 H、L、Z、r 相互关系的正确图解如图 3 - 10 和图 4 - 8 所示。图 4 - 8a 是示意图 3 - 10 的进一步解析。应用时需去芜存菁，把求证用的 O 圆上的 ADB 弧、半径 DO 和辅助线 AD、AC 都去掉后可得图 4 - 8b，它所示的为柴草沙障几个固沙参数的相互关系。

图 4 - 8b 与图 4 - 7 十分相似。二者不同之点除了对图题去掉三等关系外，图 4 - 8b 对原始沙面位置和 Z、r、H 三个技术参数的相互关系都有明确的交待。

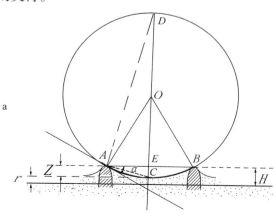

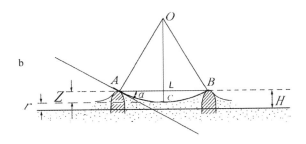

图 4-8　沙障固沙中 H、L、Z、r 相互关系的图解

三、关于 α 是不是干沙休止角的讨论

《工程学》界定原图 6-4 中的 α 角为干沙休止角，也值得商榷。

1. 角值不一，差值较大

《工程学》给出三个 α 值，它们分别是 32°、28.6°和小于 28°。三值相差较大，且后两值都不属于休止角，而只有 32°的 α 是休止角。

2. α 角的两种形成过程

根据我们观察，沙障的设置方式不同，导致障间凹曲面的形成有两种类型。一是隐蔽式沙障类型，二是非隐蔽式沙障类型。前已述及，具有一定高度的普通沙障其障埂均具备控蚀促积作用。唯独埂高与沙床表面平齐的隐蔽式沙障，由于露头高度 $H=0$，障埂只有控蚀而无促积的作用。这类沙障障内根本没有积沙条件。它的 α 角的出现不是由干沙堆积出来的休止角，而是风蚀出来的弦切角。与隐蔽式沙障相反，立式、半隐蔽式沙障属另一种类型，它们由于有露头高度，障埂基部都有积沙，积沙的初期有休止角出现。但是随着时间的推移，当凹曲面达到稳定之后，休止角已不复存在。人们常说的稳定凹曲面，它的形成过程就是休止角逐渐转化为弦切角的过程，也是障埂基部从积沙发展到停止积沙的过程。按控蚀公式第七条涵义，《工程学》中实测到的 α 值偏大、平均为 28.6°，以及 Z/L 之比为 1:9，超出正常值的上限 1:10，是由于障内仍处于积沙状态，是这一演进过程尚未终结之故。换言之，《工程学》测得的 32°、28.6°和小于 28°，它们分别代表沙障控蚀促积作用的不同发展阶段。而发展的最后结果是，不管出于风蚀、还是出于风积，两种过程最终都能形成稳定的 α 角。而稳定的 α 角当为弦切角。

3. 弦切角 α 值的求解

本节图 4 – 8a 为障间稳定凹曲面 *H*、*L*、*Z*、*r* 相互关系的图解。图中 *AB* 代表沙障间距 *L*，作 *AB* 线段的垂直平分线 *DC*，相交于 *E* 点。截取 *EC* = (1/10)*AB*，通过 *ACB* 三点做 *O* 圆。*ACB* 弧可代表沙障具有 1/10 深宽比的稳定凹曲面。在圆上过 *A* 点做切线与 *AB* 形成的夹角 α 是弦切角，而不是休止角。通过辅助线 *AD* 和 *AC*，知 ∠*BAC* = α/2。于是：

$$\mathrm{tg}(\alpha/2) = 1/5,$$

解得：α = 22°40′。这说明凹曲面稳定后 α 弦切角不应是 28° 或 28.6°，更不是休止角 32°，而是 22°40′。

4. 研究凹曲面深宽比和弦切角值的意义

弦切角 α 和深宽(长)比 *K* 都是用来表述沙障稳定凹曲面断面弯曲度的。对于同一曲面，两种表示方法所反映的沙面的稳定程度是一致的。因此采用哪种方法较为简便，群众自有选择。

第六节 关于沙障稳定凹曲面性质的讨论

一、凹曲面是否有升力效应，要做具体分析

近年有些著作在论及沙障的固沙效能时，往往指出"沙障稳定凹曲面具有一定的升力效应"。例如《治沙工程学》在肯定沙障稳定凹曲面深度与边长之比小于 1/10 后说："由稳定凹曲面组成的有规则的波纹状的下垫面，具有一种小型浅槽的升力作用，它既能保证在强风时沙面自身不起沙，又能使少量外来沙物质以非堆积的形式被搬运过境"。原文还引用图 4 – 9 说明"这种下垫面具有一定的'升力效应'，对外来沙粒有抬升作用。"

首先我们完全赞同沙障的稳定凹曲面相当于浅槽的横截面。它既能保证在强风时自身不起沙，又能使少量外来沙以非堆积形式被搬运出境。这些不仅为野外实践所证实(李鸣冈、王战等，1957；凌裕泉，1980；孙显科，1965、1986)，也为风洞实验所证实(刘贤万，1995；张春来等，1996)。但是如何看待这些表现，图 4 – 9 是否有升力效应？如果说有，它表现在浅槽的哪个部位？这些都值得深入分析。为叙述方便，我

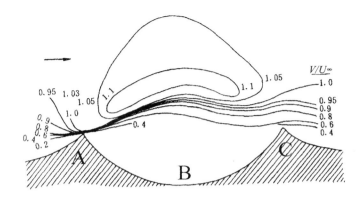

图 4 – 9 "升力效应"流场分布（根据 J. D. Iversern，1986）

（引自《工程学》图 6 – 5）

们在引用的原图 4 – 9 中加了 A、B、C 三个符号，以示所要分析的图件部位。

　　我们认为构成凹曲面非堆积搬运的决定性因素是曲面的深长比小于 1/10。一个长宽深为 $1 \times 1 \times 0.7m$ 的捕沙坑，当它捕满沙后也出现深长比小于 1/10 的稳定凹曲面。沙地地形 1/10 定律研究也表明，比值小于 1/10 的正负地形面因摩擦阻力和地形阻力都最小而风和风沙流才容易通过。深长比小于 1/10 的地形面是风与沙床表面相互作用、相互磨合、相互适应、相互妥协的结果。而超出这个地形面都会因摩阻和形阻增大而遭到风蚀。所以我们更强调凹曲面深长比大小的重要性。

　　对于沙粒的流体起动来说，起决定作用的是气流的流速梯度。它是和气流流动方向相垂直的速度差与距离之比。这个每隔单位长度的速度变化，不同于运动学中加速度的涵义。拜格诺认为，对于平坦地面上的恒定风速来说，垂直于地面的流速梯度就是摩阻速度 v_*，而"v_* 和风速对于高度的对数值的递增率成正比"。输沙率与流速梯度 v_* 的三次方成正比。

　　据此我们认为，在 J. D. Lversern 出示的地形中，A 点处风速梯度最大，加上斜面作用，该处具有升力效应，所以 A 点也是最易遭受风蚀的部位。它相当于障埠顶部，承担着气流加给地表的全部作用力。A 点对气流所产生的摩擦阻力和地形阻力迫使气流抬升。从流线分布上看，

受 AC 两点控制的区段附面层发生分离；凹面已经脱离了主流线，它的风速梯度为零。所以如果认为 B 处具有升力效应是不切实际的。图 4－9 所示的凹曲面深长比远大于 $1:10$，因此很难说它能代表沙障的稳定凹曲面。似这种弯曲度大的凹曲面，在 B 点处感受不到升力效应；当风沙流过境时，沙粒要跌落下来，在凹曲面 B 处出现沉积。

二、沙障稳定凹曲面是风与沙失去联结的临界面

由沙障控蚀机理得知，沙障稳定凹曲面的形成是多条障埂控蚀促积的结果。沙障控蚀公式 $r = H － KL$（或 $r = H\cos\alpha － KL$）是沙障控蚀理论的具体表达形式。我们可以用控制公式来分析沙障稳定凹曲面的性质，进而加深对沙障固沙原理的理解。

首先将 $K = 1/13.5$ 代入控蚀公式（3－5），得：

$$r = (1/13.5)(13.5H － L)$$

从中可以看出，当间距由 $L > 13.5H$ 过渡到 $L < 13.5H$ 时，r 由负值变为正值。这表明障间开始出现积沙，而且间距越小积沙越厚。值得注意的是，当间距 L 缩小到 0 时，沙障就发生了质变。质变之一是沙障由窄间距变成了无间距，变成了土埋沙丘；其次是 r 的物理含义，此时 $r = H$，而 H 为障高，说明此时 r 已不再代表障内沙面的积沙厚度而代表土层的厚度了。

据此不难理解，群众创造的土埋沙丘是一种间距为 0 的特殊沙障，它有一个使人一看就明了的特点，就是沙障使风与沙之间隔了一层"皮"，完全切断了风与沙的联系，控制了风沙流的发展。"特殊性中存在着普遍性，在个性中存在着共性"（毛泽东）。特殊沙障所具有的这种切断风与沙联系的特点代表了普通沙障的固沙原理。相异之点是普通沙障埂与埂之间有一段空白地，但障埂的配置控制了风沙流在这段空白沙面上向纵深发展。所以图 3－8 至图 3－10 所示的稳定凹曲面实际是风与沙失去联结的临界面。高出临界面分布的沙粒，被风搬运他移；低于临界面的沙表，由外来沙给予补充。只有当障间沙面高度与临界面一致时，蚀多积少的局面才告终止（孙显科，1986）。这就是人们说的"极限风蚀量"、"达到平衡值"。此时无论外界风力和跃移质冲击强度如何，除对外来沙起着运移交换作用外，都不足以使凹曲面发生变化，直到起

控蚀作用的障埂遭到破坏为止。我们这种解释沙障固沙原理与粗糙度理论强调的风与沙失去联结是一致的。从而也印证了沙障控蚀理论的正确性。不同之点在于粗糙度理论以一个 Z_0 点表示沙丘设障后的表面特征。而我们则用凹曲面表示沙障的稳定性，认为除障埂顶点外构成稳定凹曲面的所有的点都是 Z_0 点，每一点都存在着"极限风蚀量"。

三、不接触是接触的结果

在对下垫面粗糙度的研究中，人们强调风速为 0 的 Z_0 点所处的高程。甚至算至 cm 的百分位和千分位，可谓精确之至。这有其正确的一面，用它表示下垫面的阻力对气流运动所产生的效果。以 Z_0 点表示地面特征，以示它与气流脱离接触状况。但我们认为脱离接触恰是接触的结果。

以淤泥质光板地为例，在翻耕前比较平滑，其粗糙度为 0.00017cm（齐之尧，1978），远小于流沙表面粗糙度 0.0025cm（耿宽宏，1961）。翻耕深度 8cm 后，其粗糙度以起伏度高差 3cm 的 1/30 计，应为 0.1cm。粗糙度比翻耕前光板地提高近 587 倍多。地表粗糙度的提高导致对气流摩擦阻力增大，所以翻耕初期地表凹处出现积沙。翻耕起到了掺沙改土作用。但是时间一长，翻耕的地块受到严重的风蚀，地面反而低于附近对照的没有翻耕的光板地。过两年后，整个翻耕层连同初期的积沙全部被风吹走，露出下层基质。此事说明，当我们认定某处为 Z_0 时，要联想到在其上部必有与风接触之处。接触才能产生摩擦阻力，导致风速降至为 0。因为有接触就有风蚀，所以我们制止风沙运动更看重接触。对于沙障稳定凹曲面来说，当我们把它视为与风速脱离联结的同时，我们勿忘凹曲面上还有接触点，接触点就在障埂的顶端，请参阅图 4－9 的 A 点。只要障埂顶端保持完好无损，它所控制的凹曲面就不会受到风蚀。

以上三个方面就是我们对沙障固沙性能、固沙原理，也是对稳定凹曲面性质的辩证观。

第七节　浅析新月形沙丘迎风坡蚀积变化与
风沙流结构和气流输(含)沙总量的关系

一、国内外研究概况

有关新月形沙丘风速分布、迎风坡蚀积变化以及风沙流结构国内外都有大量研究，有野外观测也有风洞实验，取得许多有益的数据和分析。例如本书引用的徐兆生的图3－19；由该图可以看出，迎风陡坡引起气流辐合加速；同时由于坡面凸起前后左右之间各点的流速也都不一样。Wiggs和张春来等都认为气流输沙率沿沙丘高度的变化呈非线性关系。Mc Kenna等指出，在高大沙丘上气流沿迎风坡的不断加速引起输沙量向丘顶递增而使丘顶成为最活跃的部位(张春来等，1999)。朱震达等(1989)和哈斯、董光荣等(1999)都分别观测到，在高风能环境中沙丘迎风坡趋向长而缓，低风能环境中沙丘迎风坡趋于短而陡。与此相仿，作者通过白茨沙堆积沙变化观察到高约0.5m、幅宽约0.7m的小型白茨沙堆其下风侧沙辫长度约为灌丛高的10～12倍；高1m左右、幅宽约1.5m的中型白茨沙堆，其沙辫长约为丛高的7倍左右；当白茨灌丛发展到底部直径为4m、高达2m左右的圆锥体时，沙辫缩至1m，乃至不及丛高之半，这时沙堆已进入衰老期。上述沙丘表面气流流速影响沙丘形态变成长而缓和短而陡的变化以及白茨灌丛因大因高而导致沙辫退缩等，都表明了气流流速结构中水平纵向、水平横向、铅直垂向三个分速之比不是固定不变的，三者之间，尤其受到外界干扰后，具有此消彼长的关系。在流体运动中各方向力可以相互制约和转化，这同自行车你不骑它就倒，你骑起来它就不倒具有相同的道理。

下边举两个实例来探索强弱不同风速条件下，沙丘分别变长而缓和变短而陡时风沙流结构与气流输(含)沙量的关系。

(1)张春来、郝青振、邹学勇等比较全面系统地研究了新月形沙丘迎风坡形态及沉积物对表面气流的响应。他们根据对野外沙砾质戈壁上高9.8m、长165m、宽74m高大孤立新月形沙丘观测，绘出了风速折线图(如图4－10)。

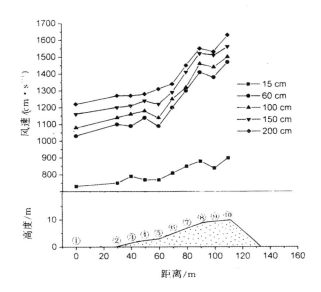

图 4 – 10　实测沙丘迎风坡表面风速折线图

（根据张春来等，1999）

　　由图 4 – 10 可以看出："由坡脚至丘顶沙丘表面风速呈非线性增大，其中断面中部坡度最大的部位风速增加最快，而坡度变缓的部位风速在降低之后又逐渐恢复和提高"（张春来等，1999）。但总体上气流由坡脚至丘顶为辐合加速过程，折线反映了气流因受地表形态影响而表现出聚散松弛的运动特征。值得注意的是，5 条风速折线有 4 条紧密靠拢，唯有一条折线不相靠拢而且差距越来越大。在测点高差只有 45（60 – 15）cm 的距离内随着沙丘高度的增加风速差值由 3. 0（10. 3 – 7. 3）m/s 增加到 5. 5（14. 5 – 9. 0）m/s。气流输沙层被压缩在紧贴地面 15cm 的高度层内，于是风速在 60cm 层和 15cm 层之间出现了极为明显的剪刀差。剪刀差表明，15cm 层以下风速虽然随沙丘增高而有所增大，因而直接导致"丘顶输沙率最大"、"丘顶侵蚀最强"（张春来等，1999），但比 60cm 以上各层增速为慢。这是在沙源不充足条件下高风能环境使迎风坡变缓沙丘变长的典型。

　　（2）为弱风速条件下迎风坡上部出现沉积、沙丘出现高增长的实例。八纲辩证和沙地蚀积原理告诉我们，风对沙地地表的吹蚀与沙粒起动和风沙流的形成具有同步性。因此地表的蚀积与风沙流含沙量的增减应该是呈良好的对应关系。凡是沙床表面吹蚀量最大的地段，那里的风沙流含沙量的增幅也必然最大。与此情况相反，地表堆积量最大的地段，也应是风沙流含沙量锐减的地方。

依据这个道理，我们把第二章表 2 - 2 沙丘蚀积观测数据转绘成剖面图 4 - 11，同时绘出与沙面蚀积相对应的反映气流输(含)沙总量增减变化的推理曲线。曲线之所以命名为"推理"是因为气流输(含)沙总量不是用聚沙仪实测出来的，但也有一定根据。

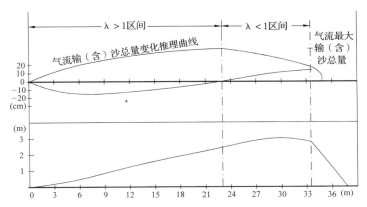

图 4 - 11 风沙流结构、沙床表面蚀积和气流输(含)沙总量
相互变化关系剖析图

二、对新月形沙丘上风沙流结构、床面蚀积和气流输(含)沙总量 三者关系的剖析

由图 4 - 11 和表 2 - 2 观测数据得知：

(1)由沙丘起点开始，吹蚀量逐渐增加，直至 6m 处达到最大值(- 15 cm)。在此 0 ~ 6m 的区段内气流输(含)沙总量也因风蚀量激增而迅速增加。因此推理曲线较陡。

(2)过了风蚀量最大值后，进入风蚀量逐步减少过程。风蚀量减少不等于气流输(含)沙总量也减少。相反，地表有风蚀意味着气流含沙总量还在增加，只是增量相应减少而已。因此推理曲线在 6 ~ 23m 之间仍一路平缓走高。

　　气流为沙子所饱和的路径长度在本项观测中平均为 23m。气流(风沙流)在这么长的路径上通过蚀积交换所积累的沙量在 23m 处达到最大值，含沙量达到饱和，推理曲线达到巅峰。

　　(3)过了 23m 点，沙丘表面出现堆积。而且越向沙丘顶部积沙量越大，最大积沙量达 14cm。最大积沙量(14cm)与最大风蚀量(-15cm)存在少许差值表明，即使在沙丘顶部沉积量最大时风沙流中还携有一部分沙量待越过脊线后发生附面层分离时，再将其全部沉降到沙丘背风坡的上部。所以推理曲线在那里最终回归于 0。

　　(4)气流含沙饱和后沙子堆积的路径长度只有 10(33-23)m，加上过脊线后 1m 左右的沉降区，总共沉积区段长约 11m。这就是说风沙流在 11m 距离内就把所有携带的沙量全部倾卸下来，使气流含(输)沙总量降低到 0 点。沉积过程和路径长度仅为吹蚀过程的 1/2，11m 也只是风沙流 1～2 秒的路程。这种疾驰的倾卸过程应了"风沙流瞬间行为论"的观点。丘顶积沙厚度 14cm 是瞬间行为持续加积的结果。

　　单位时间内沉积量越大，气流输(含)沙总量减少越快。图 4-11 以推理曲线陡降表示了减量的速率。

　　(5)令人匪夷所思的是，在沙丘迎风坡上部尽管风速增大、过了 23m 点后气流含(输)沙总量也因沉积而在减少，但沙粒沉积反而越来越厚，沉积变得一发而不可收，形成风速与沉积互不协调甚至对立的局面。如何理解风速大、含沙总量低，却不能扭转沉积趋势，对了解风沙流蚀积机制是一个机会。

　　(6)我们认为低风能时丘顶增速与沙粒沉积加大相对立以及高风能时由剪刀差而表现出来的下层风速偏低都表明气流在运行中明显存在上下两个层次。在图 4-10 中 60cm 高处的风速折线属上部含沙量极少的气流层，15cm 高处风速折线属下部含沙量集中的风沙流层。在图 4-11 中上下两个流层的总含沙量在沉积区虽然减少，不等于下层含沙量也减少；相反下部风沙流层含沙饱和度越来越大、处于超负荷状态。故图 4-11 以饱和度为界以风沙流结构特征值 $\lambda > 1$ 和 $\lambda < 1$ 分别表示沙丘风蚀区与堆积区风沙流层所具有的各自流态。

　　风沙流层内运动沙粒增多，特别是跃移沙粒增多消耗大量风能是下层与高层风速出现剪刀差的决定因素。也是弱风时沙丘顶部出现沉积的决定因素。此外丘身凸起流线受到压缩后导致上升分速转弱，也加速了下层趋向过饱和的到来。风沙流运动的惯性力也使得风沙流在通过沉降区的瞬间无力恢复到风蚀状态，直至一个循环周期运转完结为止。

风蚀使气流输（含）沙总量达到饱和后，大量沙粒脱离风沙流而迅速倾泻，也是沙丘生成的一个重要起因。

三、对风沙流边界层的提出及其某些特性的讨论

1. 提出风沙流边界层的依据

早在 20 世纪 60 年代初，中国科学院地球物理所刘振兴将近地层湍流大气中沙的传输分为上下两层，称跃移和蠕移为底沙传输，称悬移为悬沙传输。这是我国最早的风沙运动理论研究。到了 90 年代，尤其进入本世纪以来我国科研人员，在风沙物理研究方面努力拓展创新思路、改进研究方法，在风沙颗粒运动、风沙流中颗粒浓度分布和风沙流结构等研究方面都有新的突破。提出大气边界层内存在一个受风沙运动影响的内边界层，称之为风沙边界层，并且着手研究风沙边界层内的风沙运动特性。郑晓静等（2004）通过对风沙流结构研究发现：气流输沙量沿高度的分布显示出明显的分层结构。李振山等从理论上建立了跃移层中剪切力的垂直分布方程和风速廓线方程。董治宝、刘小平等（2003）认为，风沙流中的剪切应力由气载剪切力和粒载剪切力两部分组成。前者是由气流层间的速度差异造成的，随高度增加而增大。后者是由沙粒的向上或向下运动造成的，随高度增加而减小。沙粒层顶部的气载剪切力与输沙率的平方根成正比，他们还根据跃移层顶部的气载剪切力来反推空气动力学粗糙度。结果用这种方法计算出来的粗糙度是用对数风速廓线拟合法计算结果的 50 多倍。我国对"风沙边界层内的风沙互馈机理的研究成果被国际风沙物理学界认为是近年来风沙物理学取得的重要进展"（董治宝，2005）。我们为我国学者根据实际提出风沙边界层的论点和为风沙互馈机理研究取得重要进展而欢欣鼓舞，认为这是我国知识创新工程在治沙科学上的一项重要贡献，并欣然接受他们"分层结构"的理念。

气流在近地面紊流层内流动都服从紊流的特性，动量可以上下传递，但紊动有强弱之分。风沙天气过程中从沙粒垂直分布考虑，有必要

将沙粒分布高度集中的层次从风沙边界层内划分出来。我们在研究新月形沙丘迎风坡气流输(含)沙总量变化时，由风速往丘顶趋大、地表反而出现持续沉积的矛盾中以及风速折线出现剪刀差不仅证明在风沙边界层内有两个不同风速层次存在，而且找出了存在的原因。认为风速与沉积的上述矛盾和上下层风速出现剪刀差，缘自底层风速过低，而底层风速之所以过低是风沙流中的沙粒运动，特别是跃移沙粒运动对风产生阻力的结果。所以将这一层次定名为"风沙流边界层"。我们认为风沙流边界层是风沙边界层的核心，它更能反映风沙运动的实质。所以它也是风沙运动的核心。由于这一层紧贴地面、厚度远小于风沙边界层，因而它更能反映风沙互馈机理和风沙流的蚀积机制。

2. 风沙流边界层的厚度问题

由于风沙流与下垫面、沙源、地表形态具有联动机理，加上受气象条件和热力因子等影响，风沙流边界层厚度(即距地面高度)变化很大。初步认为，由于造成风沙气流减速的阻力主要来自跃移沙粒，所以主要把跃移沙粒最大飞行高度定为风沙流边界层的上限，同时对被涡动气流卷入高层的粒径 $0.05 \sim 0.02$mm 粉沙，只要沉降速度 >0.2m/s，尚未处于飘浮不定的悬移状态，对于这一层次的沙粒分布高度也应予以附加性考虑。因为 $0.05 \sim 0.02$mm 这一径级的粉沙也属于沙的范畴，而沉速 >0.2m/s 是因为该值远大于拜格诺为悬移颗粒划分的最终沉速 <0.1m/s 的分界限。所谓附加性考虑是因为这一层次影响气流流速的阻力较小而不做重点考虑。这就是说风沙流边界层的上限略高于跃移层面，而略高出跃移层面这部分可视为跃移层向悬移层的过渡带。划分风沙流边界层是一种尝试，怎样划分和采用什么标准都在探索，有待同行进一步研究作最后决定。不过从大的方面看：①应把一般性起沙的大风天气与强对流沙尘暴天气相区别；②把流沙地表和戈壁地表相区别；③把裸露地表同有不同植被盖度的地表相区别；④把沙源充足与沙源不充足的下垫面相区别。有这些区别，再加上风沙流自身含沙饱和度是一个变数，所以风沙流边界层没有统一的厚度，目前也缺少翔实的数据，需要同行进一步分类观测。基于以上考虑，笼统地初步认为：在一般天气条件可由几十厘米到 1 米左右。在强沙尘暴天气下，估计沙粒分布高度可达 10 米左右。分布在沙漠和戈壁上的风沙流边界层二者厚度有着质的差别。初

步认为：在流动沙面上风沙流边界层的厚度大体为 60cm，气流输沙量主要集中在 30cm 以内。而在戈壁上由于气流涡动和跃移质的强烈反弹，风沙流边界层的厚度为 2～4m，输沙量主要集中在 1.5m 高度层内。

3. 风沙流含沙量具有盈亏互换特性

风沙流边界层的特性实际上就是风沙流特性。在风沙流边界层内由于沙粒分布高度的局限性和气流的脉动性，气流输（含）沙量经常盈亏互换，进而导致沙地地表由蚀而积出现蚀积循环。最大输沙率在沙质地表上出现在最底层，且随高度呈指数衰减。在戈壁表面上，根据董治宝等（2005）研究，输沙率随高度变化服从高斯分布函数，最大输沙率出现在距地表的某一高度上。

4. 在风沙流边界层内气流具有蚀缓沉速特性

地表吹蚀是气流分子团与地表以点面结合方式进行二维接触，所以风蚀受接触面限制；而风沙流中的沙粒沉积是以三维的立体形式向沙床表面倾泻，不受接触面限制。所以即使是在容易起沙的沙质地表上风蚀路径长度也为沉积路径的 2 倍。而其他不易被风侵蚀的地表，风蚀路径会更长，蚀积路径之比会更大。群体沙粒快速沉积成了风沙流边界层内风沙运动的瞬间行为。快速沉积是风沙流边界层所特有的蚀积机制的组成部分。从风速剪刀差的出现和饱和后沙粒大量快速倾泻、沉积变得一发而不可收的情况可以看出风沙流边界层有一定的独立性，而较少受上层气流干扰。

5. 在风沙流边界层内风沙运动存在着蚀积循环周期

在沙丘上一个完整的蚀积循环周期长度大体为 37m 左右。高大的沙丘迎风坡长度有的超过 100m，所以它有两个或两个以上的蚀积转换区。这或是高大沙丘常常出现重叠、高大沙山具有多级嵌套的自相似结构（详见图 2-3）的原因。

四、小 结

（1）依据沙粒垂直分布和风速梯度变化，确认在风沙边界层内存在一个沙流量集中的风沙流边界层。由于沙流量集中、运动中的沙粒大量消耗风能，所以这一流层在新月形沙丘上的特点是：在高风能条件下，风速被严重削弱，与邻近的悬移质层风速形成明显的剪刀差；在低风能条件下，沙粒向底部聚集，风沙流结构特征值迅速趋小，在沙丘上部造成快速沉积。

（2）风沙流边界层是风沙运动的核心。提出"风沙流动界层"这一概念，可凸显风沙运动是贴地层现象的本质含义。也可增进对"敌情"的正确估量，有利于治沙战略部署。沙粒的起动和输移、跃移沙的起跳高度、风与沙的互馈机制、沙通量的大小等都在这一层次内表现出来，进而反映到地表的蚀积转化上。因此风沙流边界层当是我们研究的重点。

（3）我们把沙粒跃移的最大高度定为风沙流边界层的上限，但也考虑它与悬移质的过渡带。风沙流边界层的高度（厚度）既与下垫面、气象要素等多种外界条件有关，又与风速强弱和风沙流本身的发展阶段有关。一般地说，在低风速下风沙流边界层高度要低，在强风速下高度要高。在相同起沙风速下，在风沙流发展阶段初期，因为气流含沙量少而沙粒分布较高；随着风沙流的发展含沙量逐渐增多，沙粒分布高度逐渐下移；达到饱和后因沙粒迅速下沉，风沙流边界层将会更低。

（4）我们说气流有俯、扬，顿、挫，张、弛，聚、散，四类八种特性，它们在风沙流边界层内表现尤为突出。由于这一层与沙通量密切相关，因而这四类八种特性也就导致风沙流边界层内风沙流运动具有盈亏互换的特性，进而影响到地表的蚀积。风沙流边界层具有一定的独立性，虽然也受邻近上层气流干扰但影响较少。鉴于国内许多学者在着力研究床面对气流的反馈和风沙运动对气流的反馈问题（董治宝，2005），因而从理论上划分风沙流边界层尤显十分紧迫。

第八节　固身削顶考异

作者在民勤治沙站探索黏土沙障的整体固沙效应时发现，"沙障设到迎风坡的 1/2～2/3 以下时，整个沙丘变形，顶部被风削平"（孙显科，1965），遂后将其称之为"固身削顶"。后来在科研报告中明确指出：削就是利用气流含沙的不饱和状态削平沙丘上部，教沙丘由高变低（孙显科，1973；民勤治沙站，1975），以利沙丘造林。1980 年，科学出版社出版的《简明林业词典》中，在齐之尧、郑世锴编写的"防护林"

一节内，首次收录了"固身削顶"一词。

有的书说："20世纪40年代，苏联在中亚荒漠地区修筑铁路中（Н·А·彼得普梁多夫，1958），用半隐蔽式沙障，铺在沙丘的2/3以下部位，以借助风力拉平沙丘，用草方格固定沙地，阻滞地表流沙和促进方格内植株的萌发和生长（1995）。"在介绍固身削顶经验时有人也说："如果流动沙丘高度在7~8m以上，应在迎风坡2/3以下坡面上铺设平行或格状黏土沙障，当丘顶借助风力削低之后，再在上面铺设沙障（2004）"，分期治理。

从以上叙述中我们了解到，"固身削顶"作为一项沙丘造林技术前苏联走在了前面，但他们没有冠名。我们是通过"用半隐蔽式沙障，铺在沙丘的2/3以下部位……借助风力拉平沙丘"这些技术细节确认他们也是"固身削顶"的。从叙述中我们还了解到，前苏联对该项削顶技术的理论解释是"借助风力拉平沙丘"。这种解释原则上不能说错，因为在干旱沙区沙地地形的变化都是风力作用的结果。但如果有人问：设障前后都有风力存在，而且设障后的风力由于地表增阻而略小于设障前的风力，那么为什么在设障之前风速大时沙丘不能削顶，而在设障之后风速减弱时反而会出现削顶呢？不知"借助风力"该作如何解释。一般地说，人们容易将"借助风力"理解为依靠风速增大，而很少联想到气流含沙饱和度。所以我们认为"借助风力"这种解释若明若暗，没有点中穴位。这正是我们考异的焦点。

我们把这项沙丘造林技术定名为"固身削顶"，有以下三层含义：

（1）明确而形象地指出，它是一项使沙丘由高变低的技术措施。因为只有沙丘才有顶部，而顶部被削，沙丘必然变低。

（2）点明了"固"与"削"的大体比例。我们没有说固脚削顶，因为固脚（即迎风坡1/3以下部位）不能削顶。丘身有一定的长度概念，故称"固身削顶"。

（3）点明了"固"与"削"的辩证关系。在流动沙丘上上下风区之间"固"与"削"存在着内在联系，固身削顶说明沙丘因固得削。要想达到沙丘上部削顶，就需先在沙丘下部固身。

以上三点是从字面上理解的。而"固身"能够造成"削顶"的内在机理主要有两点：

（1）"固身"可以切断沙源，造成不饱和气流。在沙地蚀积定理中，我们主张从风和沙源两方面创造条件，就是因为增速与断源对于沙地吹蚀可以起到同等的效果。削顶是将沙丘顶部进行吹蚀处理。在沙丘上固身之所以能够削顶，恰是沙障切断沙源、促成过境气流含沙饱和度得到降低的必然反应，而不是风速增大的结果。研究过沙障的人都一致认同，沙障提高了地表粗糙度（耿宽宏，1961；凌裕泉，1980；邹本功等，1981；高永、邱国玉、丁国栋等，2004）。而地表粗糙度的提高首先是近地面风速受到降低的结果。即使在障外一定距离之内近地面风速也未必增大，一般都相对减弱。所以削顶主要不是风速增大的结果。

（2）从沙障控蚀理论上说，削顶是吹蚀起点的位移。在设障之前沙丘迎风坡的吹蚀起点在沙丘的起点上。设障后沙障的总体效能使沙丘表面的吹蚀起点转移到沙障的外缘。沙障设到哪里，吹蚀起点就相应的转移到它的下风附近。

从文献中我们了解到，"固身削顶"这项沙丘造林技术，我们比前苏联晚了近20年。一种相同的沙丘造林技术是两国在信息不通的情况下各自找到的，所以不存在抄袭问题。我们承认前苏联在先，因而不能妄自尊大。但对这项技术我们给予了科学的冠名，解释了"固"与"削"的辩证关系。在理论上却走在了前面，使技术得到深化，趋于完善，因而我们也不能妄自菲薄。

参考文献

1. R·A·拜格诺. 风沙和荒漠沙丘物理学. 钱宁，林秉南，译. 北京：科学出版社，1959：1~98，132~151

2. Б·A·费多罗维奇. 现代沙漠地貌的起源. 陈治平，等，译. //沙漠地貌的起源及其研究方法(译文集). 北京：科学出版社，1962：1~14

3. A·И·兹那门斯基. 论新月形沙垅的形成机制. 陈治平，等，译. //沙漠地貌的起源及其研究方法(译文集). 北京：科学出版社，1962：98~100

4. A·И·兹那门斯基. 沙地风蚀过程的实验研究和沙堆防止问题. 杨郁华，译. 北京：科学出版社，1960

5. M·П·彼得洛夫. 流沙的固定. 徐国锚，等，译. 北京：中国林业出版社，1959：10~182

6. M·П·彼得洛夫. 沙漠内新月形沙丘地形及其形成的规律. 林永宗，译. //沙漠地貌的起源及研究方法(译文集). 北京：科学出版社，1962：53~97

7. C Вейсов. 新月形沙丘地形中沙子移动的持续时间. 邹本功，译. 世界沙漠研究，1980

8. 陈道明. 中国科学院治沙队成立的过程及背景. //甘肃省林业厅. 甘肃省治沙工作研讨会(专集)，1989

9. 黄秉维，陈道明，高尚武. 沙漠的综合考察. //十年来的中国科学综合考察，1949~1959. 北京：科学出版社，1959

10. 李鸣冈，王战，等. 辽宁省章古台固沙造林试验. 北京：科学出版社，1957

11. 中国科学院兰州冰川冻土沙漠研究所. 我国的沙漠及其治理(1). 中国科学，1976，(4)：379~387

12. 中国科学院地理研究所. 中国综合自然区划(初稿). 北京：科学出版社，1959：1~48

13. 国家林业局科技司. 防沙治沙实用技术. 北京：中国林业出版社，2002：76~81

14. 沙坡头沙漠科学试验站. 腾格里沙漠东南缘铁路沿线流沙固定的原理与措施. 中国沙漠，1986，6(3)：1~19

15. 甘肃省民勤治沙综合试验站. 甘肃沙漠与治理. 兰州：甘肃人民出版社，1975：1~165

16. 甘肃省民勤治沙综合试验站. 甘肃省治沙造林. //中国林科院情报所. 中国林

业科技三十年，1979：50～51

17. 新疆农业科学院造林治沙研究所. 新疆防护林体系的建设. 乌鲁木齐：新疆人民出版社，1980：1～188

18. 新疆生物土壤研究所. 聚风板在公路输沙中的作用. //倾泻冰川冻土沙漠所. 沙漠的治理，1976

19. 朱震达，吴正，刘恕，邸醒民. 中国沙漠概论. 北京：科学出版社，1980：36～54

20. 朱震达，赵兴梁，凌裕泉，王涛，等. 治沙工程学. 北京：中国环境科学出版社，1998：1～191

21. 朱震达，刘恕，邸醒民. 中国的沙漠化及其治理. 北京：科学出版社，1989：60～76

22. 朱震达，刘恕，邸醒民. 我国沙漠研究的历史回顾与若干问题. 中国沙漠，1984，4(2)：3～7

23. 朱俊凤，朱震达，等. 中国沙漠化防治. 北京：中国林业出版社，1999：2～52，212～228

24. 高尚武，等. 治沙造林学. 北京：中国林业出版社，1984：16～33，69～103

25. 李滨生. 治沙造林学. 北京：中国林业出版社，1990：58～74

26. 吴正. 风沙地貌学. 北京：科学出版社，1978：20～153

27. 吴正，等. 风沙地貌与治工程学. 北京：科学出版社，2003：20～153

28. 刘贤万. 实验风沙物理与风沙工程学. 北京：科学出版社，1995：79～121，137～208

29. 朱朝云，丁国栋，杨明远. 风沙物理学. 北京：中国林业出版社，1992

30. 曹新孙，等. 农田防护林学. 北京：中国林业出版社，1983：202

31. 马世威，马玉明，姚洪林，等. 沙漠学. 呼和浩特：内蒙古人民出版社，1998：1～93，380～403

32. 马世威. 风沙运动辩证规律与治沙措施的关系. 内蒙古林业科技，1988

33. 陈广庭. 沙害防治技术. 北京：化学工业出版社，2004：150～222

34. 凌裕泉. 草方格沙障的防护效益. //腾格里沙漠沙坡头地区流沙治理研究. 银川：宁夏人民出版社，1980：49～53

35. 凌裕泉，金炯，邹本功，等. 栅栏在防止前沿积沙中的作用——以沙坡头地区为例. 中国沙漠，1984，4(3)：17～25

36. 凌裕泉，刘绍中，吴正，等. 金字塔沙丘形成的动力条件分析. 中国沙漠，1997，17(2)：112～118

37. 凌裕泉. 最大可能输沙量的工程计算. 中国沙漠，1997，17(4)：363

38. 屈建军，凌裕泉，等. 金字塔沙丘形成机制的初步观测与研究. 中国沙漠，1992，12(4)：20~28

39. 屈建军，常学礼，董光荣，等. 巴丹吉林沙漠高大沙山典型区风沙地貌的分形特征. 中国沙漠，2003，23(4)：361~365

40. 屈建军，进哲帆，等. HDPE 蜂巢式固沙障研制与防沙效应实验研究. 中国沙漠，2008，28(4)：599~604

41. 董光荣，等. 中国沙漠形成演化气候变化与沙漠化研究(论文集). 北京：海洋出版社，2002

42. 董光荣，李森，李保生，等. 中国沙漠形成演化的初步研究. 中国沙漠，1991，11(4)：23~24

43. 董光荣，陈惠中，王贵勇，等. 150Ka 以来中国北方沙漠、沙地演化和气候变化. 中国科学(B)，1995，25(12)：1302~1312

44. 董治宝. 拜格诺的风沙物理研究思想. 中国沙漠，2002，22(2)：101~105

45. 董治宝，王涛，屈建军. 风沙物理学学科建设的若干问题. 中国沙漠，2002，22(3)：205~209

46. 董治宝. 中国风沙物理研究 50 年(Ⅰ). 中国沙漠，2005，25(3)：293~305

47. 董治宝，郑晓静. 中国风沙物理研究 50 年(Ⅱ). 中国沙漠，2005，25(6)：795~815

48. 刘玉璋，董光荣，等. 影响土壤风蚀主要因素的风洞实验研究. 中国沙漠，1992，12(4)：46~47

49. 张春来，董光荣，等. 用风洞实验方法计算土壤风蚀量的时距问题. 中国沙漠，1996，16(2)：200~203

50. 张春来，郝青振，邹学勇，等. 新月形沙丘迎风坡形态及沉积物对表面气流的影响. 中国沙漠，1999，19(4)：359~362

51. 邹本功，等. 沙坡头地区风沙流的基本特征及其防治效益的初步观察. 中国沙漠，1981，1(1)：35

52. 邹学勇. 中国亚热带湿润地区风沙地貌的研究——以江西省新建县厚田为例. 中国沙漠，1990，10(2)：49~50

53. 贺大良. 风沙现象的相似问题. 中国沙漠，1987，7(1)：16~22

54. 贺大良，高有广. 沙粒跃移运动的高速摄影研究. 中国沙漠，1988，8(1)

55. 贺大良，刘大有. 跃移沙粒起跳的受力机制. 中国沙漠，1989，9(2)：14~21

56. 贺大良，等. 风沙运动的三种形式及其测量. 中国沙漠，1990，10(4)：9~17

57. 贺大良. 输沙量与风速关系的几个问题. 中国沙漠，1993，13(2)：14~18

58. 王涛，赵哈林，等. 中国沙漠化研究的进展. 中国沙漠，1999，19(4)：

299 ~ 311

59. 王涛，陈广庭，赵哈林，等. 中国北方沙漠化过程及其防治研究的新进展. 中国沙漠，2006，26(4)：507 ~ 513

60. 王涛，赵哈林. 中国沙漠科学的 50 年. 中国沙漠，2005，25(2)：145 ~ 165

61. 王继和，彭鸿嘉，徐先英. 甘肃治沙研究所科研 40 年回顾与展望. //王继和. 甘肃治沙理论与实践. 兰州：兰州大学出版社，1999：6 ~ 7

62. 王继和，等. 库姆塔格沙漠综合科学考察. 兰州：甘肃科学技术出版社，2008：1 ~ 13

63. 王训明，陈广庭，韩致文，等. 塔里木沙漠公路沿线机械防沙体系效益分析，中国沙漠，1999，19(2)

64. 焦树仁. 防风固沙林的生态经济效益分析. 辽宁林业科技，1987(2)

65. 焦树仁. 章古台固沙林生态系统的结构与功能. 沈阳：辽宁科技出版社，1989：1 ~ 21

66. 胡孟春，等. 科尔沁沙地土壤风蚀的风洞实验研究. 中国沙漠，1991，11(1)：28 ~ 32

67. 耿宽宏. 民勤黏土沙障固沙研究初步成效. 地理，1961，(9)：200 ~ 205

68. 边克俭. 沥青毡沙障的设置技术及固沙效应. 林业科技通讯，1982(11)：25 ~ 28

69. 常兆丰，仲生年，韩福桂，等. 黏土沙障及麦草沙障合理间距的调查研究. 中国沙漠，2000，20(4)：455 ~ 457

70. 丁国栋. 地表粗糙度的本质含义. 中国沙漠，1993，13(4)：39 ~ 43

71. 高永，邱国玉，丁国栋，等. 沙柳沙障防风固沙效益研究. 中国沙漠，2004，24(3)：365 ~ 369

72. 杨明元. 对地表粗糙度测定的分析与研究. 中国沙漠，1996，16(4)：383

73. 杨具瑞，方铎，等. 非均匀沙起动规律研究. 中国沙漠，2004，24(2)：248 ~ 251

74. 杨保，邹学勇，董光荣. 风沙流中颗粒跃移研究的某些进展与问题. 中国沙漠，1999，19(2)：173 ~ 177

75. 陈林芳. 荒漠地貌. 兰州大学地理系自地教研组，1981

76. 杨根生，等. 五·五特大沙尘暴的形成过程及防治对策. 中国沙漠，1993，13(3)：69

77. 甄计国. 腾格里沙漠东南缘沙坡头地区流沙治理后地表形态的变化. 中国沙漠，1987，7(1)：9 ~ 17

78. 哈斯. 腾格里沙漠东南缘沙丘形态示量特征及其影响因素. 中国沙漠，1995，

15(2)：136～141

79. 哈斯，董光荣，王贵勇. 腾格里沙漠东南缘沙丘表面气流与坡面形态的关系. 中国沙漠，1999，19(1)：1～5

80. 冯连昌，等. 中国沙区铁路沙害防治综述. 中国沙漠，1994，14(3)：47

81. 赵景峰，等. 新月形沙丘丘表流场与沙丘蚀积特征. 中国沙漠，1993，13(3)：18～23

82. 赵明范. 论灌木林在"三北"防护林建设中的作用. 中国沙漠，1993，13(3)：55～59

83. 乌尔坤别克，等. 阿勒泰地区地形对沙漠迁移的控制作用. 中国沙漠，1990，10(3)：58

84. 李后强，艾南山. 风沙地貌形成的湍流理论. 中国沙漠，1992，12(3)：1～9

85. 李后强，艾南山. 风沙湍流的间隙稳定分布及分形特征. 中国沙漠，1993，13(1)：11～20

86. 李振山，陈广庭. 粗糙度研究的现状及展望. 中国沙漠，1997，17(1)：99～101

87. 李振山，倪晋仁. 风沙流研究的历史、现状及其趋势. 干旱区资源与环境，1998，12(3)：89～97

88. 包慧娟，李振山. 风沙流中风速纵向脉动的实验研究. 中国沙漠，2004，24(2)：244～247

89. 罗昊，倪晋仁，李振山. 风成沙纹数值模拟研究述评. 中国沙漠，2004，24(6)：783～790

90. 罗万银，董治宝，钱广强. 栅栏最佳疏透度的空气动力学评价. 中国沙漠，2009，29(4)：583～588

91. 尹永顺. 砾漠大风地区风沙流研究. 中国沙漠，1989，9(4)：27～36

92. 刘建泉. 低立式沙障固沙效果研究. //王继和. 中国西北荒漠区持续农业与沙漠综合治理(国际学术交流会论文集). 兰州：兰州大学出版社，1998：379～387

93. 张克存，屈建军，董治宝，等. 风沙流中风速脉动对输沙量的影响. 中国沙漠，2006，26(3)：336～340

94. 齐之尧. 风沙运动规律与风沙地貌//内蒙古农牧学院林学系. 治沙造林学，1978

95. 孙显科. 沙障的设置技术及其应用的几点探讨. 甘肃省林学会论文集(1)，1965：140～146

96. 孙显科. 机械固沙的理论基础与沙障设置技术的初步研究//中国林科院情报

所. 固沙造林资料汇编. 1965

97. 孙显科. 风沙移动规律及其在治沙上的若干应用. //中国林学会. 1979 年三北防护林体系建设学术讨论会论文集，1980：173～175

98. 孙显科. 风力集中与防止沙障掏蚀问题的研究. //辽宁省固沙造林研究所建所30 周年固沙造林学术交流(论文集). 1982

99. 孙显科. 风沙流的蚀积规律与应用技术的初步研究(八纲辩证 六法治沙). 新疆林业科技，1986，(2)：9～18

100. 孙显科，郭志中. 从混合沙输沙率增大探究沙粒的流体起动机理. //王继和. 甘肃治沙理论与实践. 兰州：兰州大学出版社，1999：91～97

101. 孙显科，郭志中. 沙障固沙原理的研究. //王继和. 甘肃治沙理论与实践. 兰州：兰州大学出版社，1999：48～54

102. 孙显科，郭志中. 风沙地貌蚀积模式. //王继和. 甘肃治沙理论与实践. 兰州：兰州大学出版社，1999：69～76

103. 孙显科，周葆果，喻利华. 对西北沙区当前机械固沙中几个技术理论问题的讨论. //中国科协，中国工程院，新疆维吾尔自治区人民政府. 优化配置西部资源坚持高效持续发展学术研讨会论文集(四). 成都：四川科技出版社，2001：46～53

104. 孙显科，张凯. 论沙粒两种起动关系与沙粒跃移的双重性. 中国沙漠，2001，21(1)：39～44

105. 孙显科，张凯，张大治，等. 沙纹弹道成因理论评析. 中国沙漠，2003，23(4)：471～475

106. 孙显科. 风沙运动理论体系的创建与研究. 中国沙漠，2004，24(2)：129～135

107. 孙显科，张凯，吕亚军，等. 关于沙粒两种移动类型划分与沙纹本质属性的研究. //中国科技发展精典文库. 北京：中国言实出版社，2004：202～203

108. 孙显科，王同华. 辩证思维与风沙运动理论体系的创建和研究. //世界优秀学术论文(成果)文献. 北京：世界文献出版社，2005：556～559

109. 孙显科，吕亚军，张大治，等. 风成沙地形 1/10 定律的研究与敦煌鸣沙山成因的猜想. 中国沙漠，2006，26(5)：704～710